A Journey of 470 Million Kilometers:
Searching for Life on Mars by Following the Water

穿越4.7億公里的拜訪
追尋跟著水走的
火星生命

李傑信
Mark Lee

三民書局

推 薦 序

此生必做的一件事 —— 在紅色行星上看藍色夕陽！

2018 年中，我在科博館策劃推出了一檔特展「漫步太陽系」，展期 9 個月，是科博館那一年的年度大展。您或許會奇怪，科博館人才濟濟，為什麼會輪到館長親自下海，策劃一檔年度大展？原因無他，就因為過去 20 年天文學家對太陽系認知的進展飛快，所累積的珍貴資料豐富而有趣，已經徹底改變了科學家對太陽系的認知，但這些知識卻還沒有進入體制內的教科書，所以社會大眾多半毫無概念，我看了著急，乾脆自己規劃一個展覽。館長要策展不難，因為沒有人會反對，所以 2018 上半年，「漫步太陽系」特展於焉出現。

這個特展從太陽談起，一路往外來到海王星，也包含了「主小行星帶」、「古柏帶」，和「歐特雲」三處小天體聚居的地方，以及近年來科學家對太陽系的嶄新認知。這裡面有個亮點展品，就是「火星巴士」，那是一個狹長的太空艙，周邊上下共有 19 面巨大電視，可以同時播出一個 3D 環景畫面，模擬人在火星地表的生活體驗！那是一個完全不同於地球上的感覺，其中最有趣的比較，就是「藍色行星上的紅色落日」VS.「紅色行星上的藍色落日」！前者是我們在地球上習以為常的景象，後者卻是探測車在火星地表所拍攝的夕陽畫面。這個對比是如此特別，所以我鼓勵參觀民眾把「欣賞紅色行星上的藍色落日」放到自己的 Bucket List 裡去，列為此生必做的事情之一。

兩千多年來，火星（中名「熒惑」、西稱「戰神」）在先民的紀錄中史不絕書，它在夜空中的怪異行為總被連結到人世間的禍福窮通。16 世紀中期，民智漸開，人們對火星的觀測和思考才逐漸步上科學的坦

途，最近 50 年的探索和成就尤其豐富，我自己目不暇給之餘，總期待能有一本涵蓋完善但可輕鬆閱讀的「火星科普大全」出現，總攬至今人們對火星探索的過程和新知，今天看到李傑信博士的新書，方知期待終於成真！

　　李博士是我「長期」的學長，從台大物理系，到加州大學洛杉磯分校 (UCLA)，再到美國航太總署 (NASA)，感覺上我一直走著李博士曾經走過的路。李博士在 NASA 長期主持太空科技研發和行政工作，但到了中年華麗轉身，同時兼有了科普作家的頭銜，他以「圈內人」的身份，在天文宇宙和太空探索領域提供讀者資料豐富、立論有據，但又輕鬆易懂的科普作品，長期造福社會大眾和年輕學子！

　　此書雖然是 2000 年出版的「我們是火星人？」一書的修訂版，但李博士在原先的基礎上增加了更多歷史和文化的內涵，不僅如此，這本書還包含了最新的火星探索任務。就在 2021 年的 2 月，阿拉伯聯合大公國的「希望號」和中國大陸的「天問一號」分別進入火星軌道，美國的「毅力號」更毫不客氣的直接降落在火星地表。兩週前「天問一號」成功登陸火星，放出探測車「祝融號」開始移動勘查……。李博士在書成之前，將這些探索任務的最新成果一一收納於此書中，令人感動，也讓這本更新版的火星專書充滿了即時新知！

　　時至今日，人類登陸火星甚至長駐該處的夢想離實際發生已經不遠，這本書對社會大眾而言，將成為具備豐富科學內容的一本「火星觀光指南」，有興趣對夜空中這顆紅色行星一探究竟的人們，就請好好看完此書，相信您會有驚喜而豐富的收穫的！

臺灣大學物理系及天文所教授

自 序

寫給臺灣故鄉的讀者——
一個世界級欣賞火星的群體（2021 年版）

　　《我們是火星人？》一書繁體版 2000 年在臺灣初版，後簡體版在 2003 年和 2009 年於中國又再版了兩次。這幾版雖然間隔了 9 年，但內文沒變。新世紀伊始，火星探測仍然如火如荼前行，人類戰戰兢兢地使用了每個珍貴的發射窗口，繼「維京人號」和「火星探路者號」之後，又送上去了「精神號」與「機會號」漫遊小車，並布置了軌道高解析度照像神器「火星勘測軌道飛行器」。再槓上開花，「鳳凰號」成功登陸火星北極區域；旗艦設備「火星科學實驗室」也順利到位，極大幅度增強了人類從火星取得更高品質資料的能力。20 年就在前仆後繼的 9 次發射窗口中過去了，人類火星數據庫又膨脹了幾十倍。所以，有好幾位熱情的臺灣讀者朋友就問作者：李傑信先生，火星數據又增加了這麼多，舊瓶新酒，為什麼火星書不更新啊？

　　說真格的，為《我們是火星人？》這本書增添千禧年以來火星新的發現，是作者一直耿耿於懷的大事。每次媒體炒作從火星傳來的資料，我都仔細掂量，看看它的分量夠不夠激起我的熱情到為火星新資料開篇闢頁的地步，記錄下這批新資料為人類火星知識寶庫立下的汗馬功勞。我等呀等的，猛回頭，20 年已過，我已從 NASA 退休，為 2000 年版火星書添加新資料的熱情依然興致索然。

　　激不出熱情是有原因的。人類掌握了深太空探測的利器後，就迫不及待地先把兩架「維京人號」實驗室送到火星，一廂情願地認為，只要一鏟子下去，取到火星土壤，往營養液裡一泡，火星的細菌生命就得活蹦亂跳地現形。從花 50 億美元取得的「維京人號」資料，人類痛苦地學到了火星地表的性質特異，即，經數十億年太陽紫外線的轟擊，火星地表已被消毒得清潔溜溜，是無菌環境。

　　到了 21 世紀初，人類回顧過去近 30 年的研究歷程，整理出一個嶄新概念：生命一定得和液態水共存。要想找到過去甚或現在的火星生命，並不是一鏟子土泡營養液那麼簡單容易的事。完全沒有近路可抄，唯一可執行的策略，就是耐心地在火星上尋找水的痕跡，跟著水走！

　　2003 年「跟著水走」的策略上路後，到 2009 年尚無標幟性的斬獲。但到了 2018 年時，「好奇號」新型漫遊車已在火星地表工作了 5 年，發現了一些重要的含氧和各類鹽分的礦石，導致在理論上火星的液態水能以冷到攝氏零下一百多度的「鹹水」狀態存在，並可溶入飽和量的氧氣，足夠供應細菌生命存活所需。科學家在 2018 年 12 月發表的這個結論，大概夠資格成為人類過去 40 多年從「維京人號」火星探測以來最重要的發現和成就！

　　2018 年底發表的這篇火星論文，的確為《我們是火星人？》這本書添增「跟著水走」這系列新知識的意念帶來了震撼力。但即便引擎已被打著了火，尚不知油箱裡的燃料能跑多遠，也不知道它能給作者帶來多久的衝擊力。

　　我寫書的動力一定要來自那股能觸動心靈的力量。就以最近幾年寫的三本書為例。《天外天》，黑暗宇宙的出現，刺激了我對這

門深不見底的知識的追求。《宇宙起源》，人類通過對電磁波黑體輻射的理解，看清楚了令我激動到骨髓裡的宇宙今生來世。《宇宙的顫抖》，用我能掌握最簡單易懂的語言，把愛因斯坦驚心動魄的引力波說個透澈。

其實，為 2000 年版火星書添增新內容的最強原始激情動力，老早就已深埋在我心底。

作者生於中國，5 歲時因戰亂隨家人從中國東北步行逃難，數千公里長途跋涉，最終幸運地安抵臺灣。在臺灣我有了難得的機會，從小、中學到臺大物理系畢業，後留學美國，獲得加州大學洛杉磯分校 (UCLA) 物理博士學位，進入加州理工學院噴射推進實驗室 (JPL) 工作，再調任美國聯邦政府在華府的航太總署 (NASA) 總部，負責技術管理國際太空站 (International Space Station, ISS) 科學實驗任務。直到 2018 年，美國航太總署才讓我於 75 歲之齡退休，並給予贈言：感謝 40 年來對 NASA 科研上的領導和廣泛的貢獻。

回顧我的一生，是臺灣給了我幸福安全的成長環境和完整的基礎教育。雖因我的工作每天都得面對著一個浩瀚的宇宙，並在 35 歲時就自詡永為宇宙公民，但我身體中流的是中華民族的血液。臺灣是我在地球上唯一的故鄉，那裡住著我宇宙生命中的鄉親，是我在渺小地球上的根。

所以，修訂新版火星書的最原始動力，是想要在上一本火星書出版的 20 年後，我能和新一代臺灣鄉親讀者，一起分享 21 世紀火星新知識帶來的激情。常有臺灣年輕的讀者和我討論幾本我撰寫的科普書內容。他們對科學知識渴求的熱情令我動容。我書中有些數字是自己計算出來的。在全世界的讀者群中，唯有臺灣讀者們會

檢查我書中數據是否能用我說的方法計算出來。李傑信，可別呼嚨我們哦？！臺灣目前雖然沒有進行昂貴的火星計畫，但在我的心目中，臺灣欣賞火星知識的能力，就像能欣賞貝多芬命運交響曲一樣，水準是世界一流的。

新版火星書大幅度增添了約 3 萬字的內文，包括第八章加了「跟著水走」一節、第九章加了「甲烷」一節和新撰第十二章「火星 我們來了」，並新增 25 幅精選圖片（6–2、8–13 至 8–15、10–7、12–1 至 12–20），其中，圖 12–9 總結了人類近 60 年的火星探測活動紀錄，彌足珍貴。此外，也藉此因緣際會增補了火星大事記、閱讀參考、中英文索引，以利讀者查考研讀。

新版火星書，在臺灣朋友熱情的建議下，就以《穿越 4.7 億公里的拜訪：追尋跟著水走的火星生命》為書名。捫心自問，夠得上說，用盡了作者 20 年庫存的心靈激盪和寫作激情。也夠得上說，終於為《我們是火星人？》增訂一次，許了願，還了願。

衷心感謝高涌泉教授、朱國瑞院士和顏素華女士給我的真誠協助。

 自 序

火星情，生命源（2000 年版）

要寫本火星的書，對作者而言，是個不算小的願望。

1978 年，作者加入加州理工學院噴射推進實驗室時，「維京人號」在火星上已經工作了兩年，雖然「維京人號」在火星上沒發現生命，甚至連有機物質也沒有找到，但作者親身體驗過火星探測狂熱的氣氛。

「維京人號」登陸火星後，西方的科普工作者前後寫出過許多本有關火星的書。此後，美國航太總署全力發展太空梭和太空站計畫，又經過「挑戰者號」爆炸慘劇，忙得焦頭爛額，火星計畫被擱置在一邊，一直到 1992 年才又發射了「火星觀測者號」，這是一項「大」科學計畫，距「維京人號」的發射已有 17 年了。

「火星觀測者號」飛行 5 億多公里後，在抵達火星前失蹤。作者當時已在航太總署總部上班，「哈伯望遠鏡」仍然癱瘓在天，現在「火星觀測者號」上十億美元的投資又變成泡影，美國納稅人開始懷疑，太空計畫是划算的投資嗎？

媲美鄭和下西洋

當時剛上任不久的署長哥丁，曾以中國明朝鄭和下西洋為例，向美國老百姓遊說太空投資不能停止。鄭和在 1405 年至 1433 年間，七下西洋，帶領 62 艘船、27,800 名水手組成龐大的艦隊，以天文

「牽星術」定位導航，遠航印度、東非、紅海、波斯灣、埃及，在當時無疑是世界上最大的一支遠洋艦隊，比哥倫布的美洲航行要早六、七十年。

中國的天文學在當時世界也是遙遙領先的。近代有宋仁宗至和元年（1054 年）「天關客星」超新星記載，遠古有西元前 613 年關於「哈雷彗星」的紀錄和漢武帝時（西元前 104 年）量出的水星週期（115.87 日，比現代值 115.88 日僅差 0.01 日）。中國在西元前 28 年就觀測到太陽黑子，並在春秋戰國時使用了「歲星（木星）紀年法」。中國擁有指南針、造紙術、火藥、印刷術四大發明，名揚世界。由此可知在鄭和時代，中國的科技文化和航海技術，在世界上居領先地位。

資助鄭和下西洋的明成祖朱棣，南征安南、北討蒙古、修建長城、疏通大運河、遷都北京。在經費緊縮、國庫空虛的情況下，到明英宗以後就全面放棄建造新船，並禁海運。中國沒有持之以恆，痛失良機，未能充分利用幾千年來辛勤努力創造出來的科學成果。對於近代中、西文明的分野，這是一個重要的轉折點。

哥丁的論點在國會產生多大的作用，不容易估計，但緊接著前蘇聯解體，太空站躍升為「國家安危級」大科研計畫，哥丁又推出「快、好、省」的經費精簡策略，做活了「火星觀測者號」後的火星計畫。第一批使用新策略發展出來的火星太空船「火星全球勘測衛星」和「火星探路者號」取得空前成功，新的火星數據源源而來，結束了 20 多年坐吃「維京人號」數據老本的時代。

追尋紅色星球

　　新時代的火星探測，又激發了作者沉睡已久的寫火星書衝動。從 1995 年起，作者開始著手寫一些零散的科普文章。1996 年，研究人員從火星隕石 ALH84001 中發現了可能含有火星細菌生命活動的遺跡，加上 1998 年在西澳大利亞海床下發現的奈米細菌，在在暗示火星可能曾有類似地球古菌的存在。在 1999 年初，作者寫完了《追尋藍色星球》一書後，就開始認真思考這本火星書的內容。

　　多年來作者所接觸的火星資料大半是因特殊事件而發，立論精闢，針針見血。但對作者而言，總有些像東一榔頭、西一棒鎚，勾畫不出人類對火星完整的「情」。所以作者這本書是從火星逆行在中國引出的「熒惑（火星）守心」說起，經望遠鏡觀測、太空船飛越、進入軌道到登陸，然後對火星的地表風貌、火星衛星、火星曾經發生過的巨大洪水，進行輕鬆的描述，最後討論人類終極的關懷：火星的生命與它和地球生命起源的關連。作者的目的是寫一本在高層次概念上比較完整火星的書。

　　一開始寫這本書，作者就掩卷長嘆。中國和歐洲接受天庭同樣的火星逆行和明晦變化的強烈暗示，中國發展出「熒惑守心」的占星術，帶來一片刀光劍影，血腥殺戮。而哥白尼卻在中國海運停止後 110 年，發展出太陽中心學說，激起西方文明一個質的飛躍。70 年後，克卜勒又站在巨人的肩膀上，找出了火星和行星橢圓形的軌道，完成太陽系行星運行體系。哥白尼學說在 1760 年才由法國耶穌會傳教士蔣友仁獻予乾隆皇帝，距 1543 年哥白尼學說問世時已

有二百多年了。所以由 1433 年鄭和下西洋中國遙遙領先的情況下，在三百年多一點點的時間，中國反而落後了西方至少二百多年。一直到現在，中華民族還在追趕這段差距。

揭開火星面紗

　　望遠鏡的發明，使人類的視野擴展到整個宇宙。人類通過望遠鏡，看見了火星上的色蒂斯大平原與閃亮的南北極冰帽；計算出火星自轉一周也是約 24 小時，亦計算出火星自轉軸的傾角；發現了火星應有四季、地表顏色也隨季節變化。羅威爾並看出火星有運河，幻想火星應有居民存在。

　　人類在 1957 年 10 月 4 日進入太空世紀。在這本書裡，作者要把太空船去火星的軌道講清楚。一般談軌道的著作，力學公式上千條，每條公式可長達數頁，顯然不適合作者的需要。作者在書中塑造出一個「大力神」，超脫在克卜勒三定律之外，由他來回穿梭，把太空船送上了火星。

　　從「水手號」火星的任務中，人類先期發現火星有許多隕石坑，乾冷死寂，沒有生命跡象。後來又發現了乾涸河床、巨大的火山群。火星可能有生命的暗示，促成我們送出「維京人號」，登陸火星，尋找生命。

　　「維京人號」在火星地表沒有發現生命，甚至連有機物質也沒有找到。人們認識到：火星大氣稀薄，太陽光中強烈的紫外線長驅直入，轟擊地表數十億年，火星地表被消毒得清潔溜溜，是一個天然無菌室！

「維京人號」探測後，火星成為充滿玄機的行星。巨大的奧林帕斯山，可容納 3 座聖母峰，代表火星過去活躍的地質活動，有利於生命起源。火星有一條長達 4,500 公里的大裂谷、北極的冰帽、季節性的塵暴和廣大的乾涸河床。像地球一樣，火星曾經是個「活」的星球。

人類花了兩個半世紀的時間，才找到火星的兩個小月亮。它們的密度出奇地低，僅是水的兩倍，好像是中國的發麵饅頭，可能是從「小王子」的家鄉——小行星帶——來的。

我們是火星人？

各種跡象顯示，火星曾經發生過巨大的洪水，曾經有過溫暖潮溼的環境。從目前隕石坑大規模的位移，我們有把握說，火星高緯度的地下有永凍冰層，也可能有地下溫泉，是火星生命可能的藏身之地。「火星全球勘測衛星」從 1999 年開始，發現許多類似排水溝渠的結構，密集分布在 30 度以上高緯度的隕石坑壁上。最令人震驚的是，這些溝渠的分布面沒有隕石碰撞的痕跡，表示這些溝渠的地質年齡尚輕，可能發生在最近的幾百萬年內，甚或可近至「昨天」，可能是近代火星液態水現形的證據。這些水源寶地，將加速帶領人類尋得火星生命。

前往火星取樣品的雙程之旅，如箭在弦，蓄勢待發。作者在書中畫出雙程之旅的軌跡，說明從火星回程發射窗口的開放時機。

　　火星曾經有過生命嗎？從火星隕石 ALH84001 中生命活動可能的遺跡、地球古菌生命領域及奈米細菌的發現，作者認為火星過去可能有生命，現在有生命的可能性也比零高出許多。火星個子小，散熱快，可能比地球搶先達到生命起源條件，生命在火星成形後，乘坐頻繁出發的隕石列車，抵達地球，播種生命，這是目前無法排除的可能模式。地球生命的起源，可能和火星密切關連。

李傑信

CONTENTS 目錄

01
熒惑守心

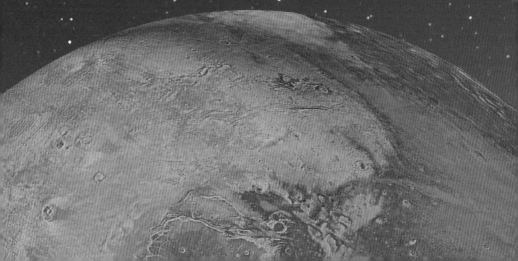

✦ 逆 行

　　當人類的祖先用肉眼仰望滿天繁星時，他們發現：每個夜晚，那些燦爛的群星，都好像手牽著手，以相對固定的方位在天空出現。後來，他們把那些星星畫在洞穴的牆壁上。

　　歲月靜靜地流淌。一天晚上，有一個人又在遙望繁星，他突然興奮地大叫：「我發現了！」然後跑到星星的壁畫前，指著其中的一顆說：「它是動的！它是動的！」發現了這個祕密以後，他就夜夜都去觀望那顆星星，像深情地注視著他新的戀人一樣，通宵達旦。

　　在地球的另一端，也有一群看星族，每夜都觀測那亙古的蒼宇。一天晚上，他們集體跳起來，不謀而合地指著西南天空的一角，叫著：「那顆星星是動的！」

　　在人類使用文字之前，我們的祖先已至少有 5 次發現了宇宙的這一祕密。發現者的名字，雖然現在已無從考證，但數千年來，世界上每個主要民族的文化，卻都不約而同地記載了這 5 顆星星的悲歡歲月。與眾星不同的這 5 個天體，希臘人把它們稱為「漫遊者」，又稱行星，被分別命名為水星、金星、火星、木星和土星。中國人則把它們叫做辰星（水星）、太白（金星）、熒惑（火星）、歲星（木星）和鎮星或填星（土星）。

　　古代，在能用肉眼看到的幾千顆星星中，只有這 5 顆星星在天庭中不停地漫遊，不守本分。雖然，人類那時無從知曉它們在夜空中周而復始奔馳的意義，但卻認定那與上帝創造天地有關。因為，這 5 顆星加上另外 2 個飛奔的天體，即太陽和月亮，與《聖經．舊

約全書》在〈創世紀〉中記載的上帝創造世界的天數，恰巧應驗，不謀而合。於是，西方文明就將太陽定為星期日，月亮為星期一，火星為星期二，水星為星期三，木星為星期四，金星為星期五，土星為星期六。

《聖經》認為，因為人類和地球是上帝創造的，所以人類和地球自然是宇宙的中心。早在西元前 350 年，希臘哲學家亞里斯多德 (Aristotle, 384 BC～322 BC) 就提出過以地球為中心的宇宙論。50 年後，據說另一位希臘哲學家亞里斯塔奇斯 (Aristarchus, 310 BC～230 BC)，不同意亞里斯多德的地球中心理論。他認為，宇宙的中心應該是太陽。但由於當時天體觀測條件的局限，人們能見到的只是太陽朝起夕落，月亮忠心耿耿地繞著地球不停地旋轉，人類又有什麼理由去懷疑地球不是宇宙的中心呢？

西元 2 世紀，希臘的托勒密 (Ptolemy, 100～170) 發表了他的經典巨著《天文學大成》(*Almagest*)，建立起以地球為中心的天文體系，成為西方哲學思維的主流，長達 1,400 年之久。

根據托勒密學說，以地球為中心的眾行星，其中當然也包括太陽，它們的運行軌道均為圓形，行星與地球保持固定距離，並以逆時針方向旋轉。如此，在地球上觀察夜空，行星由西向東運行，亮度則應該是穩定的。

但是，當人類觀察這 5 顆行星時，發現它們不但時而明亮，時而昏暗。更有甚者，火星竟然有時還不似其他行星以固定的背景星為座標，由西向東遨翔，它居然會偶爾發生由東向西運行的現象！這個怪異的天文現象被人們稱為逆行 (retrograde)。

每當火星逆行時，天文學家往往沮喪地以頭撞柱，不知做了什麼大逆不道的事情，觸怒了上帝，只好不停地在托勒密行星軌道系統上，加上大小不一的獨立小周轉圓 (secondary epicycle)，試圖表示所產生的逆行效應，並勉強解釋亮度明暗變化的原因。直至哥白尼 (Nicolaus Copernicus, 1473～1543) 出現以前，這種小周轉圓的數目，已達 50 多個❶。

　　中古時期視覺敏銳的天文學家，沒有發現過木星和土星也有逆行現象嗎？也許是因為逆行規模太小，而沒有引起他們的注意？

　　火星除了有大幅度的逆行動作外，亮度的變化也相當巨大，但最使人類畏懼的，恐怕還是火星血紅的顏色。血，代表戰爭、暴亂、破壞和死亡。3,000 年前，巴比倫以黑死病神納加 (Nergal) 為火星命名，在人類的占星術中為火星定了位，認為納加「暗時吉、亮時凶」；波斯和埃及以他們的戰神為火星起了名；古瑞典人叫它 Tiu，也為戰神，是英文星期二 (Tuesday) 的來源；希臘人則用戰神阿瑞斯 (Ares) 為火星命名；羅馬人繼承了這個說法，使用了相應的羅馬字 Mars（馬斯）稱呼火星，而沿用至今。而火星符號「♂」由矛和盾組成，也顯得殺氣騰騰。

✦ 神州大地誰主沉浮

　　縱觀世界各民族文化，尤以中國對火星畏懼為最。龍的傳人的祖先稱火星為「熒惑」，因其熒熒像火，且亮度常有變化，順行逆行情形複雜，有眩惑之意。《戰國策》中云：「恃蘇秦之計，熒

---

❶ 對托勒密的地球中心論有興趣的讀者，可參閱任何基礎天文教科書，如 Jay M. Pasachoff 的 *Astronomy* (Saunders College Publishing, 5th edition, 1998)。

惑諸侯，以是為非，以非為是。」《逸周書》中說到績陽公四出征討，所向無敵，重丘地方施美人計：「績陽之君悅之，熒惑不治。」

熒惑也可能是神名之一，代表「朱雀之精」或「火之精」的「赤熛怒之使」。在中國，這也是火星之所以引起人們對火、紅色和憤怒聯想的原因。對於火星的恐懼，中國比巴比倫更為變本加厲。由於中國術士的火上加油，熒惑不但與亂、賊、疾、喪、饑、兵等緊密相連，甚至還會威脅到皇帝的寶座，致使歷代中國皇帝無不全力關注火星行止，恰如《史記》所說：「雖有明天子，必視熒惑所在。」

人類早就知道，所有的行星都在「黃道」帶上運行。西方把黃道帶分成十二宮，中國則將星空分成五大天區，叫五宮。中宮是指大熊座 (Ursa Major) 附近的星空，又細分為三垣：紫微、太微、天市。在太陽跨過赤道往北移動那天，即中國人的春分，以中原（西安）地區星空為準，按東、南、西、北方向分為四宮，並以動物命名，稱為四象：蒼龍、白虎、朱雀、玄武。每宮再細分為七宿，共四七二十八宿。如東宮蒼龍包含了角、亢、氐、房、心、尾、箕等七宿，其中房、心、尾等星位於現代天蠍座 (Scorpius) 中。心宿中的心星全名為心宿二，是天蠍座 α 星，為全天第 15 亮星。因其色紅如火星，西方名為 Antares，意思是「火星的伴侶」，中文星名又稱「大火」，如《史記》所云：「心有大火。」

根據《漢書‧律曆志》的記載，火星每繞一周的天數約為 687 天。當火星熒惑每 687 天接近一次心宿時，如若無其事地通過，不往回跑，中國史書則記載為「熒惑在心」。占星術士往往以火星的天文位置和可見度，為皇帝預測凶吉，一般不難過關。

但每一兩百年，「熒惑在心」時又可能碰上「衝」（地球與火星的最近點），火星湛亮，向前走過心宿後，好像捨不得離開，又往回逆行，再次擁抱心宿後，才轉向上路。在中國歷史上把火星對心宿依依不捨之情記載為「熒惑守心」，是大凶之兆，輕則盜賊四起，重則群雄揭竿起義，共討虐主，以正社稷。

　　關於「熒惑守心」，中國歷史上有 23 次紀錄。歷史學家黃一農教授在一篇論文中對此進行了深入的剖析，他發現在每次「熒惑守心」前後，都有社稷巨變，包括秦始皇、漢高祖、晉武帝、梁武帝等的駕崩、皇帝被廢、丞相因天災人禍自殺等等，令人毛骨悚然。但經黃教授用電腦往回推算，赫然發現其中 17 次可能是偽造的。

　　當作者第一次讀到這份歷史資料時，不禁啞然失笑：火星在「守心」時可能離地球五、六千萬公里到一億多公里，怎能有如此神奇的威力，竟被中國的野心家利用，左右了神州大地無數生靈數千年的命運！

✦ 天　問

　　中國人的老祖宗，像地球上所有的人類一樣，在神祕的星空下，看著宇宙瑰麗的演出，曾激動得不能自己而發出深邃的天問：「天何所沓？十二焉分？列星安陳？自明及晦，所行幾里？」用白話講，就是：天與地在哪裡會合？12 個月該怎麼分？眾星該如何安排？太陽由亮到暗，走了多少里？

　　兩千年前屈原的 170 多個「天問」，以現代的觀點審視，都是博士論文題目，並且可以作為一個研究者終身的追求。

　　秉承著這種精神，中國人在魯文公十四年，即西元前 613 年，就已記載了「秋七月，有星孛入於北斗」，這是人類有關哈雷彗星 (Halley's Comet) 最早的紀錄；春秋戰國時代，就發明了每 12 年一週期的「歲星（木星）紀年法」；漢武帝時（西元前 104 年）測出水星的週期為 115.87 日，比現代值 115.88 日僅差 0.01 日；在西元前 28 年觀測日面黑子，是全世界最早的紀錄；宋仁宗至和元年（1054 年）記載的「天關客星」的出現，為人類記錄下第一顆超新星爆炸，至今尚被西方天文學家視為經典之作。

　　兩千多年來，中國保存下來有關日食、月食、太陽黑子、流星、彗星、超新星等豐富的紀錄，是現代天文學重要的參考資料。所以，的確有一段時間，中國的天文學在世界上遙遙領先，無可匹敵。源於為問而問，別無他求。

　　作者不能確定屈原問的「自明及晦，所行幾里？」指的是什麼星星？不太可能是月亮，因為屈原沒使用「自圓及缺」的字眼；水星離地平很近，探測不易；金星雖亮，但沒有火星大幅度的明晦變化和恐怖的逆行；木星雖然和火星亮度相近，但逆行並不顯著，皆不太可能為該「天問」的主角。所以作者認為屈原問的，最可能者當然是太陽從早到晚到底走了幾里，但也一廂情願地認為，有一點點可能是火星。2020 年 7 月 23 日，中國首發的火星探測任務就以「天問一號」(Tianwen-1) 命名。

　　且不論屈原問的是什麼星星，肯定的是，他對「明晦」和天體在軌道上走了「幾里」中間的關係，產生了疑問。如果聰明打拚的中國人有自由發揮想像力的空間，對這個問題能鍥而不捨地挖掘下去，說不定都可以得出太陽是宇宙的中心和火星軌道是橢圓形的結

論，人類就不必再等上近千年，由後來的哥白尼和克卜勒 (Johannes Kepler, 1571〜1630) 去發現了。

　　但中國皇帝坐上龍椅後，引出「熒惑守心」和其他占星天象，帶來一片刀光劍影、血腥殺戮。皇帝得把天上的星星看好，否則性命難保。此後，中國天文只為政治服務，中國知識份子上千年來早已停止天問，噤若寒蟬。

　　而歐洲幾千年來，天問不斷，雖然天主教廷多方施壓，但力量畢竟遠不及中國皇帝的專制制度來得暴烈。西方由天文知識，發展出跨洋的導航技術，掠奪了整個世界的資源，發展出近代西方的工業文明。

　　火星逆行和火星因與地球距離遠近不同而產生的明晦，是上帝給人類強烈的暗示：太陽是宇宙的中心。中國人以這個天象，發展出「熒惑守心」的占星術；哥白尼看懂了這本天書，發展出太陽宇宙中心論，促成近代中、西文明的分野，這是一個重要的轉折點。

✨ 哥白尼

　　哥白尼認為，如果把太陽放在宇宙的中心，並允許地球每天自轉一周，不只太陽和月亮的起落有了合理的解釋，亦可圓滿解釋諸行星相關的位置和亮度的變化，而且，這個模式也很容易解釋火星的逆行現象。

　　哥白尼問，為什麼太陽不可以作為宇宙的中心呢？哥白尼主張太陽中心學說的《天體運行論》(De revolutionibus orbium coelestium) 在 1543 年問世後，致使托勒密以地球為中心的天文體系受到嚴重挑戰。

　　人類早已知道地球繞太陽一周為 365 地球天，火星則為 687 地球天。換言之，地球繞太陽一周的速度比火星快 1.88 倍。這好比兩個人在操場上賽跑，操場四面被遠山環繞，假設你是跑在內圈的人，代表地球，而跑在外圈的人則代表火星，內圈的人跑得比外圈的人快。這時，如果你的頭上有架小型攝影機，我們在監視器中觀看所攝的影像，以遠山為背景，先看到的是外圈人和你同向而行，然後你與他接近並追過他，此時我們從影像上看外圈的人好像先是慢下來、停止，再往後退，即逆行。待距離拉大些後，兩人在遠山的背景下，又開始同向前進了。

　　長久以來人們對逆行現象的迷惑，完全歸咎於以地球為宇宙中心的錯誤天體理論。但如果依照哥白尼的太陽中心學說，包括地球在內的所有行星，都是圍繞太陽旋轉的，逆行則是一個從快速地球看慢速火星必然的視覺現象。圖 1–1 為天象儀 (Planetarium) 所模擬的火星在 8 個月中的逆行軌跡。圖右側為西方，火星由西向東順行，在金牛座 (Taurus) 畢宿星團 (Hyades) 紅巨星畢宿五 (Aldebaran) 處開始逆行，達 45 天之久，於昴宿星團 (Pleiades) 再轉東順行，在天空劃出 V 字形。

▲ 圖 1–1　天象儀所模擬的火星在 8 個月中的逆行軌跡。(Credit: Jay M. Pasachoff, *Astronomy*: From the Earth to the Universe, Saunders College Publishing, 5th edition, 1998)

雖然哥白尼的太陽中心理論是人類天文學上一個質的飛躍，但因哥白尼錯誤地使用了圓形軌道，所以仍然無法做到與觀測的數據完全吻合。為此，他不得不在行星軌道上又加上了托勒密式的小周轉圓作為彌補，嚴重地損害了哥白尼學說的革命性。反對哥白尼學說的人指出，如果地球真的是繞太陽移動，則在地球軌道上兩個分離的最遠點，應該看得到近距離的星星在遠距離星星的背景下發生相對位移，即光學術語所說的「視差」(parallax)。事實上視差是有的，遺憾的是，哥白尼時代的技術水準尚無法測量得到。

　　據說，在 1543 年哥白尼臨終之際，才終於看到他的太陽中心學說成書問世。當然，那時由於教會的地球中心說仍勢力頑強，哥白尼的學說只得有待後人去發揚光大了。

　　哥白尼的《天體運行論》，一直到二百多年後的 1760 年，才由法國耶穌會傳教士蔣友仁帶到中國，獻給乾隆皇帝。此時，中國天文學已經明顯地遠遠落在歐洲後面了。

✦ 第　谷

　　1563 年，17 歲的第谷 (Tycho Brahe, 1546～1601) 目睹了一次木星與土星在夜空中會合的情景。第谷對哥白尼以太陽為中心的行星系統理論深信無疑。當時，他應用哥白尼的行星體系位置表預測該現象的發生時間，誤差竟達數日之多，激發了他以更精確的測量，來改進哥白尼行星體系位置表的宏願。

　　第谷是個非常以自我為中心的人，在 20 歲與同學決鬥時被削掉了鼻梁，因而終身戴著假鼻罩。1572 年，第谷以發現在仙后座

(Cassiopeia) 的一顆超新星而成名。這種超新星為恆星死亡前的大爆炸，亮度常在幾天內增強上億倍。後來，第谷以他搜集的數據，發展出他自己的行星體系理論。第谷行星體系理論認為：5 顆行星繞太陽，太陽和月亮繞地球。1600 年，第谷雇用了克卜勒為助手。次年，在參加一位伯爵的宴會時，第谷因不好意思離席去洗手間，引起膀胱脹裂而離開人世。

據說在第谷臨終前，曾要求克卜勒用其畢生搜集的火星數據，繼續發揚第谷行星體系理論，但克卜勒是一位客觀的科學家，他要走自己的路。克卜勒的理想是：對當時並存的托勒密、哥白尼、第谷三大天文思維體系進行一次徹底的檢驗。接收了第谷的火星資料庫以後，克卜勒本以為火星的軌道不出幾個月就能被計算出來，他怎麼也沒料到，這一算竟然有 8 年之久，才終於得出了托勒密、哥白尼、第谷三個模式都不正確的結論。

✨ 克卜勒

克卜勒是一個基督徒，相信上帝，也相信天堂。他認為天堂是完美無瑕的，火星在天上運行，是天堂的一部分。

宇宙間最完美的幾何結構是圓球，誠如亞里斯多德所說，天體一定是在圓形軌道上運轉。克卜勒雖然懷疑托勒密、哥白尼及第谷的學說，卻又很難不接受亞里斯多德的名言，但他實在無法使第谷的數據與火星的圓形軌道相吻合。克卜勒認為二者必有一錯：不是第谷的數據有問題，就是圓形軌道不對。雖然克卜勒不欣賞第谷的為人，但對其數據卻頗具信心。

克卜勒問：火星的軌道可以不是圓形的嗎？

　　於是他假設火星軌道為未知數，但仍然把地球軌道定為圓形，離太陽的距離視為整年 365 天（實際為 365.26 天）恆定不變，將其定為一個天文單位（astronomical unit, AU，地球到太陽的實際距離，到 19 世紀才定論，現代平均數值為 149,598,000 公里）。

　　以 AU 為尺度，地球在圓形軌道上的位置，很容易計算出來。譬如說，以 1602 年 1 月 1 日為起點，地球每天走 $\frac{360}{365}$ 度，365 天走完一圈（$\frac{365\times360}{365} = 360$ 度），於 1603 年 1 月 1 日回到起點，重新出發。當時已知道火星繞日需用 687 天，也就是說，軌道上每個位置 687 天重複一次。火星每個地球天運行 $\frac{360}{687}$ 度，速率是地球的 53%，換言之，地球走完一圈，火星才走半圈多一點，而火星走完一圈回到起點，地球已走了 1.88 圈。

　　在這 687 天裡，地球每天的位置是很容易算出來的。除去陰天和火星在夜裡不出現的日子，每天都可以從地球測量到太陽與地球之間、地球與火星之間這兩條直線所夾的角度。火星在軌道上的每個點要從地球測量兩次，也就是說，1602 年 1 月 1 日測量一次，待 687 天後的 1603 年 11 月 18 日，火星回到原來位置時，在不同的地球位置再測量一次，經過計算，才能取得一個三角的「一角兩邊」，確定火星在 1602 年 1 月 1 日在太陽軌道上的位置。而要把火星在 687 天中每天的位置都量出來，至少需要兩個 687 天週期，也就是 3.76 年。

　　克卜勒利用第谷留下的資料，加上他自己在 1602～1604 年間搜集的、作者認為是第二個 687 天週期的新數據，推算出火星在太陽軌道上每個點的位置。在那尚無對數和計算尺的年代，這是一項極為繁重的計算工作，更何況克卜勒要求的精確度要到小數點後第六位。

　　在 1604～1608 年這四年緊張的計算期間，像第谷一樣，克卜勒在 1604 年也發現了一顆位於蛇夫座 (Ophiuchus) 的超新星。雖然伽利略 (Galileo Galilei, 1564～1642) 也同時看到了這顆星，但因為克卜勒為它寫了一本書，於是天文界就把這個榮譽給了他，命名這顆超新星為「克卜勒超新星」。

✦ 行星運動三大定律

　　當克卜勒計算完畢，用天文單位把火星的太陽軌道逐點標出時，一個漂亮的橢圓圖形顯現了。

　　以此類推，所有行星的軌道，包括地球在內，也應該是橢圓形的，並以太陽為中心運轉。

　　橢圓程度的大小以離心率來表示。橢圓形有兩個焦點，太陽占其一。當這兩個焦點合二為一時，就成了圓形，以離心率來表示，則為 0。以我們現代人的知識來看，地球軌道的離心率為 0.01671，很接近圓形，占太陽系八大行星中第六位，僅高於金星和海王星 (Neptune)。反之，火星軌道的離心率為 0.09341，將近地球的 6 倍，在八大行星中排名第二，僅次於水星。所以，克卜勒將地球軌道假設為圓形，離譜不遠。他於 1609 年公布的這個結果，被稱為克卜勒第一定律。同年，他又發表了克卜勒第二定律，闡述行星

在軌道上速度變化的規律，簡稱為「等面積定律」。9 年後問世的克卜勒第三定律，則確定了行星的公轉週期和橢圓主軸長度間的關係。

克卜勒的三個行星運動定律，發現在牛頓 (Isaac Newton, 1643～1727) 的萬有引力定律之前，至今仍然通用。

克卜勒的成功，有人說他運氣好，因為火星的離心率大，而恰巧地球的軌道又近乎圓形，在地球上測量火星的橢圓形軌道特別容易。這種說法，貌似有理，但火星已在自己的軌道上運轉了 45 億年，別人怎麼不去量呢？按照當今華人的說法，實有眼紅之嫌。

才華超群、刻苦努力的克卜勒，站在哥白尼和第谷兩位巨人的肩上，循著火星的軌跡，揭露了天上第一個最大的祕密，粉碎了一千四百多年的思想枷鎖，把火星從圓形軌道的牢獄中釋放出來。他找到的這把金鑰匙，開創了人類現代天文物理的新紀元，為即將來臨的望遠鏡時代，奠定了深厚的基礎。

02
◆
望遠鏡觀測

✦ 「它是動的！」

望遠鏡到底是誰發明的，現已無從考證。我們只知道荷蘭人理坡謝 (Hans Lippershey, 1570～1619) 在 1608 年 10 月為望遠鏡申請過專利，但沒有被荷蘭政府批准，原因是望遠鏡原理已為當時很多人知曉。這與 5 顆行星也沒有確證發現者的情形十分相像。可能的情況是，望遠鏡的確是理坡謝發明的，但他犯了申請專利的大忌：口風不緊，先行喧嚷了出去。據記載，1609 年 4 月，在巴黎和德、英、義三國主要城市的街頭，已經可以買到望遠鏡了。這消息肯定很快就傳到了在大學教數學，住在威尼斯附近的伽利略耳中。

有關和克卜勒為同年代人的伽利略及其第一架望遠鏡的故事，有好幾種版本。最友善的說法是：伽利略發明了望遠鏡，但以作者所知，這種傳說不正確。還有的說：伽利略在 1609 年 7 月聽說了望遠鏡這件事以後，自己便很快磨出了兩片凸透鏡，組裝成一架 9 倍的望遠鏡，這個說法的可信度很高。最惡毒的記載是：荷蘭的理坡謝前往威尼斯，向當地海軍兜售望遠鏡時，伽利略乘機偷竊了他的設計圖。

當時，45 歲的伽利略正在為他的終身教職聘書一事發愁。有了這架 9 倍的望遠鏡以後，他向一位與政府有關係的同事展示，這位同事大為讚賞，於是，讓伽利略把望遠鏡架在海邊，由他安排威尼斯議員前來參觀。威尼斯是個水城，敵人歷來都自海上入侵。以肉眼監視海平面，發現敵情後，威尼斯最多只有幾個小時的準備時間，而議員們通過望遠鏡，可以一直看到約 60 公里外的海平面。

帆船時速約六、七公里，使用望遠鏡後，威尼斯則可多出好幾倍的備戰時間。於是，袞袞諸公便以為望遠鏡是伽利略發明的，感激之餘，馬上任命他為終身教授，又史無前例地給他猛加薪水。

假如這個記載屬實，即使荷蘭的理坡謝真的到過威尼斯，向海軍兜售過望遠鏡，因並未造成轟動，所以連議員們都無從知曉的消息，一介書生伽利略，又怎麼可能得到理坡謝來訪的消息呢？更不要說偷竊設計圖之事了。不管後人如何處理伽利略和他第一架望遠鏡的史料，作者倒情願認為偷竊設計圖是近代文人譁眾取寵的杜撰。

伽利略花了 4 個多月的時間，處理完緊急的世俗雜事，在 1609 年 11 月 30 日夜裡，把他的第二架 20 倍的望遠鏡瞄準了月球，正式揭開了人類用望遠鏡觀測天體的序幕。據記載，英國哈雷特 (Thomas Harriot, 1560～1621) 比伽利略早幾個月進行觀月，但沒有公布結果。

伽利略看到月亮上有山、有隕石坑，還有被他稱為「瑪利亞」（Maria，沿用至今）的黑色月海。他也觀測到了木星的 4 顆衛星，直接證明了天體不一定都要圍繞地球旋轉，否定了當時主流的托勒密派地球中心論。伽利略還看到了土星複雜的環系和太陽黑子，看到了銀河系模糊的星雲中無數燦亮的星星，使人類的天文觀測走出了太陽系，擴展到整個宇宙。

在當時托勒密的天體儀上，金星位於地球與太陽之間，或晨或夕，永遠伴隨著太陽，所以，從地球看去，金星應永呈「新月」狀，沒有「滿月」的可能。伽利略以金星一週期 225 天的時間，觀測到它赫然有完整的「陰晴圓缺」，直接證明金星繞到了太陽的遠

側「合」❶的位置，再次提升了他篤信的哥白尼太陽中心學說的地位，使托勒密天體理論，又向墳墓接近一步。

當伽利略把望遠鏡轉向火星時，已是 1610 年 3 月間的事了。

伽利略是人類歷史上一位才華橫溢的科學家。除了傑出的科學貢獻以外，他更以一個科學家對真理的良知和責任，堅持與天主教廷抗爭，從而贏得了後人永恆的尊敬。

1633 年，由於教廷認為伽利略寧死不悔地支持哥白尼日心論，而判處他終身在家軟禁。如果宇宙真的以地球為中心運行，那地球一定是靜止不動的，別的天體才好繞它公轉。據說，在伽利略 78 歲臨終前，手指蒼天說：「它（地球）是動的！」

直至 1992 年，伽利略的冤案才被教皇保羅二世平反。

為了紀念伽利略對人類的貢獻，美國航太總署將 1989 年發射的木星探測儀命名為「伽利略號」太空船。在前往木星的途中，「伽利略號」與兩顆小行星 ❷(asteroid) 加斯普拉（Gaspra，長、寬、高為 19、12、11 公里，編號 951）、艾達（Ida，長為 52 公里，編號 243）會合，並發現艾達還有個小衛星艾衛（Dactyl，長、寬、高為 1.6、1.4、1.2 公里）（圖 2–1）。

---

❶ 金星和太陽在地球同一邊會合，三天體成一直線，對地球而言，金星在「合」的位置；如金星和太陽在地球兩側，三天體成一直線，對地球而言，金星則在「衝」的位置。「合」和「衝」也適用於其他所有行星。在本章節後文中將會有更詳細的說明。

❷ 在火星與木星間有一個小行星帶，有上百萬個大小不等的小行星，皆以數位編號，直徑由幾公里至數百公里不等。所有小行星加起來的質量，僅為我們地球衛星──月亮的 4％。

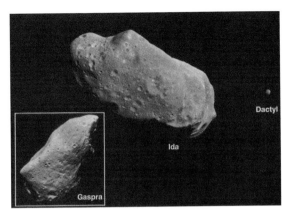

▲ 圖 2-1 「伽利略號」太空船訪問的小行星加斯普拉、艾達及其小衛星艾衛。(Credit: NASA)

1994 年 7 月，在彗星舒梅克—李維 (Shoemaker-Levy) 碰撞木星的六天內，「伽利略號」拍攝到多幀從地球上無法看到的珍貴照片。經過多次地球和金星的重力助推 (gravity assist)❸，「伽利略號」於 1995 年抵達木星，送出「神風特攻隊」自殺性大氣探測器，衝進木星大氣層，在長達 600 公里、為時 57 分鐘的墜落過程中，發現木星風速可達每小時 530 公里，也如預料，沒有落到固體地表。

1999 年底，「伽利略號」在完成了對木星的兩顆衛星木衛二 (Europa) 及木衛一 (Io) 的探測後，功成身退。木衛二上面龜裂的水冰 (water ice) 殼下可能有巨大的水海洋，是人類在太陽系尋找生命的重點之一；木衛一有活躍的火山活動，火山活動與生命的起源發展有密切的關連，這一點，作者將在後文談及。

❸ 重力助推，見第十章「往返火星」的「『合』、『衝』任務之爭」一節。

✦「衝」

1610 年 3 月並不是觀測火星的理想時機，但伽利略還是看到了「火星不是圓的」。翻譯成科普語言就是：火星亦呈新月狀。有關伽利略對火星觀測的記載，大略如此。

從地面觀測火星的時機，牽涉到地球與火星的相對位置。懂得這個簡單的概念，有助於瞭解以後的章節。

地球每 365 天繞日一周，而火星需要 687 天。地球繞日的速度相當於火星的 1.88 倍。這好像兩個人在運動場跑步，內圈（地球）比外圈（火星）快。假如剛好快 2 倍，地球走完兩圈，火星走完一圈，則每 365×2，即 730 天地球會追上火星一次。但地球實際速度比 2 倍慢點，所以需要兩圈多一點才能追上。多出多少呢？這其實是個簡單的龜兔賽跑問題，答案為 2.134 圈，也就是每 365×2.134，即 779 天，地球才能追上火星一次。為了方便記憶，我們不妨湊個整數，把 779 天說成 780 天。對火星鐵粉而言，780 天無疑是一個最重要的數字。

我們把地球每 780 天追上火星一次這個概念推廣一些，就是說，任何一組地球與火星的相關位置，會在每 780 天重複一次。舉例來說，地球與火星最接近的位置「衝」，每 780 天重複一次；分開最遠的位置「合」，每 780 天重複一次；分開 44 度夾角的位置，每 780 天重複一次；分開 75 度夾角的位置，每 780 天重複一次；美國航太總署可以每 780 天發射一艘前往火星的太空船。

總而言之，所有與火星探測有關事情，都是以 780 天為週期的。以上所舉的例子，有助於理解本書後面的內容。

　　粗略地說，地球與火星間距離最近時的位置叫「衝」，英文為 "opposion"，含對立之意；地球與火星間距離最遠時的位置叫「合」，英文為 "conjunction"，有聯結之意。作者第一次接觸到這兩個字的時候，馬上產生疑問：為何是近點對立、遠點反而聯結呢？想了很久，才恍然大悟，原來這又是地球中心學說的產物。以地球的觀點來看，火星與地球的近點，也是火星與太陽「對立」在地球兩側「衝」的位置，而「合」則是太陽與火星在地球同側的聯結。所以「衝」與「合」兩字的用法，道出人類仍然念念不忘視地球為宇宙中心的輝煌時代。

　　地球和火星都是以橢圓形軌道繞著太陽旋轉的，太陽位於橢圓形兩個焦點中的一個，呈偏心狀態。

　　地球距太陽最近點為 147,100,000 公里，最遠點為 152,200,000 公里，平均為 149,600,000 公里，一般記住 1.5 億公里即可。其遠近只差 500 萬公里多一點，軌道接近圓形，使冬夏兩季度的時間長短差異不大，得天獨厚。

　　火星距太陽最近點為 206,500,000 公里，最遠點為 250,000,000 公里，平均約為 227,900,000 公里。遠、近兩點的差距近 4,400 萬公里，幾乎是地球的 9 倍，導致南極冬天（183 天）比南極夏天（158 天）長很多，造成火星南北兩極二氧化碳冰帽循環的特有現象，將在第六章中詳述。

　　人類對火星觀測最好的時機，是地球和火星在「衝」的位置，兩者每 780 天「衝」一次。地球和火星在兩個獨立的橢圓形軌道上運轉，「衝」可能發生在軌道上的任何一點，以至在每個「衝」的位置時，地球和火星間的距離有非常大的變化。

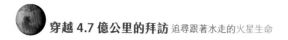

　　下表 2-1 是 1999 年後發生「衝」的日期，以及地球與火星間的距離：

▼表 2-1　「衝」的日期 / 地球與火星間的距離

「衝」日期	地球與火星間的距離（單位：百萬公里）
1999 年 4 月 24 日	86.03
2001 年 6 月 13 日	67.99
2003 年 8 月 28 日	55.53
2005 年 11 月 7 日	70.39
2007 年 12 月 28 日	89.92
2010 年 1 月 29 日	99.55
2012 年 3 月 3 日	99.55
2014 年 4 月 8 日	92.30
2016 年 5 月 22 日	75.75
2018 年 7 月 27 日	57.83
2020 年 10 月 13 日	62.50

　　圖 2-2 標出 2003 年 8 月 28 日到 2018 年 7 月 27 日間，地球和火星在它們橢圓形軌道上「衝」的位置。2003 年 8 月 28 日為大「衝」，火星與地球最接近。大「衝」每 15～17 年重複一次，在此次大「衝」後，等到 2018 年 7 月 27 日才再出現一次。大「衝」期間，是地面觀測火星的黃金時段。

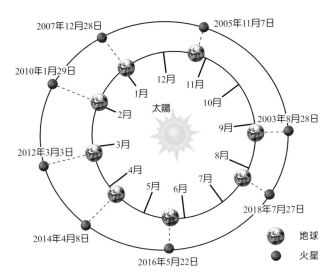

▲圖 2-2　2003 年 8 月 28 日到 2018 年 7 月 27 日期間，地球和火星在它們橢圓形軌道上「衝」的位置。

　　雖然「衝」的主要概念並不難理解，但火星與地球的兩個橢圓形軌道，因為離心率不同，並非處處平行，而且兩個軌道的平面間也有 1.85 度的夾角，所以嚴格說來，火星與地球的最接近點常常發生在「衝」的前後幾天。為方便起見，作者把「衝」和火星與地球的最接近點當成一回事。

　　在「衝」時，火星像一盞紅色的小燈籠，高懸星空，很容易用肉眼看到。在「衝」之前，火星每天在夜空中由西向東移動些許，由於地球快速向火星接近，火星由西向東移動的速度彷彿逐漸降低、停止。地球在「衝」的前後追過火星，火星開始由東往西逆行，可達一兩個月之久；到地球領先些許後，火星的逆行才減慢、停止及再轉向。待地球遙遙領先，火星又恢復了由西向東移動的常態（圖 2-3）。

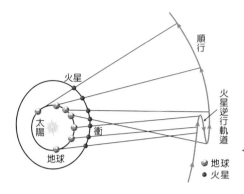

◀ 圖 2-3　火星逆行本是一個從快速地球看慢速火星必然的視覺現象。

✦ 發射窗口

　　為了最有效地追上火星，前往火星的太空船通常在「衝」發生前 100 天左右發射，這就是所謂的「發射窗口」。現在讀者可以算出，1998 年底到 1999 年初，是太空船出發的好時間，美國航太總署在此期間發射了「火星氣象衛星」(Mars Climate Orbiter, MCO) 和「火星極地登陸者號」(Mars Polar Lander, MPL) 等太空船。在 2001 年 3～4 月間，本應再度發射前往火星的太空船，但因「火星氣象衛星」和「火星極地登陸者號」抵達火星後發生事故，2001 年的發射部分延遲：「火星勘測 2001 登陸者號」(Mars Surveyor 2001 Lander) 發射取消，容後再議；「火星勘測 2001 衛星」(Mars Surveyor 2001 Orbiter) 改名為「2001 火星漫遊號」(2001 Mars Odyssey)，仍然如期發射。2000 年 6 月 23 日，航太總署公布了近代火星液態水遺跡的新發現。2003 年開始對火星的水進行了新策略完整系列的探測，將在第八章「跟著水走」章節內闡述。人類毫不懈怠地使用了 2003～2020 年中間的每個發射窗口，待第十二章「新世紀的火星任務」章節內詳述。

　　2020 年的發射窗口，在 7 月上旬後開放約 30 天。

惠更斯與卡西尼

自伽利略 1610 年觀測後的 20 多年間，火星似乎被人們遺忘了。作者想可能是由於人類掌握了銳利的工具望遠鏡以後，行星和眾天體就不再只是一個光點，天上明亮好看的東西太多，致使眾天文學家目不暇接，火星暫時失寵，只得退居二線，平白浪費了許多寶貴的「衝」的時機。直到 1636 年，義大利人房塔納 (Fontana) 才畫下了一張火星圖，不過後來發現他畫的只是望遠鏡鏡頭上的光學缺陷，並不是火星。

為人類記錄第一幅火星地貌素描的榮譽，應歸於荷蘭數學家惠更斯 (Christiaan Huygens, 1629～1695)，但那已是 1659 年 11 月底，牛頓 17 歲時候的事了。惠更斯看到的是色蒂斯大平原（Syrtis Major，阿拉伯語，意為大流沙海），略呈三角形，樣子更像半隻漏斗鐘，黑色，為火星上最明顯的地標。這張素描（圖 2-4）畫得非常逼真，但上南下北，左東右西，卻是反的。記得中學課本上的解釋嗎？物體光線通過望遠鏡的物鏡後，成實像，上下、左右調換位置，所以天文觀測家的手圖都是反的。

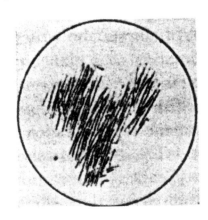

◀ 圖 2-4　惠更斯色蒂斯大平原手圖。

1990 年 12 月 13 日，即「衝」後的 16 天，火星距地球 8,500 萬公里，「哈伯」望遠鏡剛升空 8 個月，在患有嚴重散光症狀、等待修復期間，曾攝得一張模糊不清、與修復後無法相比的照片（圖 2–5）。黑色的色蒂斯大平原在中央，指向右上角南極方向。惠更斯手圖形狀，與這張 330 年以後的太空望遠鏡照片大體上相似。火星最顯著的本色是紅棕色和黑色，這張照片色調偏綠，是為得到最佳效果所做的電腦設定。

◀ 圖 2–5　「哈伯望遠鏡」在 1990 年 12 月 31 日修復前攝得的第一幅色蒂斯大平原照片。(Credit: NASA)

　　色蒂斯大平原常被用來鑑定一個人對火星知識的多寡，所以這本書的主要目的之一，就是希望讀者能記住火星上有個色蒂斯大平原，並能知道它的一些故典。

　　惠更斯以色蒂斯大平原為記號，觀察它在 24 小時內的移動，發現火星有自轉現象，週期很接近 24 小時。7 年後，義大利的卡西尼 (Giovanni D. Cassini, 1625～1712) 進行了更為精確的測量，

定出一個火星日（叫 Sol，以與地球的 Day 區別）為 24 小時 40 分鐘，與現代數值 24 小時 37 分 22.662 秒相比，僅差約 2.5 分鐘。

　　在 1672 年「衝」的期間，惠更斯與卡西尼都先後看到了南極的冰帽。卡西尼並與人合作，在相距 6,500 公里的巴黎和南美洲東北海岸，同時觀測火星的位置，發現兩地有 0.003 度的差異，以簡單的「兩角一邊」三角幾何，第一次為人類測出了地球與火星間的距離約為 80,000,000 公里，再使用克卜勒第三定律計算，這個距離等於 0.53 天文單位，於是推算出地球距離太陽 139,200,000 公里，與 19 世紀後的現代平均數值 149,597,870 公里相差不遠。這是一項劃時代的貢獻。

　　1673 年後，卡西尼歸化法國，受到法國王朝重用。卡西尼家族祖孫四代，加上侄兒馬拉迪 (Giacomo F. Maraldi, 1665～1729)，皆為世襲天文官。馬拉迪認真地利用了 1672～1719 年間每個「衝」的機會，搜集了大量火星數據，包括南、北極冰帽與地貌的週期變化等。卡西尼家族的天文時代到 1793 年法國大革命時結束。惠更斯和卡西尼在晚年時，眼睛都瞎了，有的同年代人認為，他們遭到了天譴，因為他們看到了太多上帝的祕密。

　　為了紀念惠更斯和卡西尼這兩位同年代的偉大天文學家對人類的貢獻，1997 年，美國航太總署與歐洲太空署 (ESA) 合作，發射了耗資 20 億美元的「卡西尼號」太空船，該太空船已在 2004 年抵達土星進行探測，所攜帶的主力科學設備「泰坦」（Titan，土衛六，太陽系中唯一有大氣層的衛星）大氣探測儀，被命名為「惠更斯號」。

牛頓與愛因斯坦

牛頓是在伽利略去世的那年，1642 年出生的。23 歲時，為逃避倫敦鼠疫，回到鄉下老家住了約兩年。在這段時間裡，他研究出蘋果和行星都受到相同的力量管轄，即俗稱的萬有引力，並提出了牛頓三大定律，這是人類有史以來最偉大的發現之一。牛頓為了用數學表示他的理論，還發明了微積分。

當年作者在大學修「古典力學」，第一次以牛頓力學奇蹟般地導出了克卜勒三定律，作者著實為它入迷過一陣子。

牛頓提出三大定律 335 年後，牛頓力學在太陽系行星和太空船航行軌道的計算上，仍然適用，但它對水星軌道卻不適用。水星離日最近，它的離心率為 0.20563，以牛頓力學計算，它的軌道近日點位置，與觀測數據每一百年有 43 弧秒 ❹ (arc second) 的誤差，約為月球張角的 $\frac{1}{40}$。在愛因斯坦相對論出現前，是當代天文界的世紀大懸案。

牛頓力學不限制物體運動的速度，多快都成。馬克士威 (James C. Maxwell, 1831～1879) 電磁波理論出現後，實驗證明光速恆定，不受相對運動的影響，所有物體的速度不得超過光速。這些與日常生活經驗不符合的結論，引起愛因斯坦對牛頓力學的懷疑，因此發展出「狹義相對論」，給高速運動下的物體立下了規矩，並間接導引出 $E = mc^2$，確定能量與質量是一體的兩面。

---

❹ 一個圓周為 360 度 (degree)，每度分 60 弧分 (arc minute)，每弧分含 60 弧秒。所以一度有 60×60 = 3,600 弧秒。月球的張角約為半度，或 30 弧分，或 1,800 弧秒。

　　牛頓力學的另一個特性是時間永遠以一定的步調向前流，與物體運動的快慢毫無關係，但為了滿足光速恆定的條件，時間在不同運動速度和不同重力場的座標世界中，一定要有伸縮性。愛因斯坦的「廣義相對論」把時間與我們熟悉的三維空間，在重力場中結合在一起，構成了彎曲的「四維空間」。1919 年發生日全食時，英國的艾丁頓 (Arthur S. Eddington, 1882～1944) 以星光受太陽重力場的彎曲程度，證實了愛因斯坦的「廣義相對論」理論，使愛因斯坦隔夜成為人類有史以來最出名的科學家。

　　水星離日近，離心率高，軌道上每一點的重力場都有變化，造成近日、遠日兩點有些不同的「四維空間」彎曲。把這個牛頓力學裡沒有考慮的因素加進去，水星軌道近日點的世紀大懸案便迎刃而解。近代精密的觀測，金星和地球也同樣有牛頓軌道近日點位置的誤差。類似現象，在脈衝雙中子星和黑洞系統中尤為明顯，只有用愛因斯坦的「廣義相對論」才能解釋。

✦ 反射望遠鏡

　　理坡謝的望遠鏡是折射式的，光要通過透鏡後才能聚焦。可見光由紅、橙、黃、綠、藍、靛、紫等各色光組成。玻璃對不同顏色的光有不同的折射率，在通過玻璃透鏡後，因各色光焦距不同，形成一串彩色繽紛的光點，成像模糊不清，稱為色像差 (chromatic aberration)，是折射式望遠鏡極難克服的缺陷。牛頓率先提議改以反射鏡面聚光，星光聚集不必穿過玻璃材料，徹底解決了色像差的問題。反射鏡面的弧度為拋物線，把微弱星光凝聚在一點，清晰度大為增加，是望遠鏡科技的突破。

1719 年後，人類對火星的觀測減少了，前後 27 個「衝」乏善可陳，直到 1777 年，英國 39 歲的赫歇爾 (Frederick W. Herschel, 1738～1822) 以他新式的 2.1 米反射望遠鏡，再次觀測到火星南北兩極閃亮的冰帽。兩個「衝」後，他又造好了一個更大的 6.1 米反射望遠鏡，在 1781 年 3 月 13 日，赫歇爾先看到火星南緣有個亮點，在晚上 10～11 點之間，他又使用 2.1 米望遠鏡複查，證實那個亮點是一顆行星。默默無聞的赫歇爾，因此名滿天下。

　　赫歇爾本想以他的雇主英王喬治三世為這顆行星命名，但未被天文學界接受，最後還是以希臘神話中的優拉納斯神 (Uranus) 稱呼，中文命名為天王星。天王星的直徑是地球的 4 倍，最明亮的時候可用肉眼看到。人類是借助望遠鏡，才終於發現了它。這是望遠鏡在 173 年的發展過程中，對人類文明最大的貢獻。

　　在 1783 年 10 月大「衝」期間，赫歇爾兄妹觀測到火星的自轉軸與軌道平面有 28.7 度的傾角（現代值為 25.19 度），並有大氣層存在的跡象。地球的傾角為 23.5 度，使地球四季分明，他們推測火星也應和地球一樣，存在春夏秋冬。這個重大發現，使 18 世紀的人更深信其他行星，尤其是火星，應有居民存在。在觀測中，赫歇爾認為，火星的黑色地區是海洋，如色蒂斯大平原，而淺色地區則是陸地。

　　以近代知識理解，目前火星的大氣壓為 600～700 帕左右，是地球氣壓（約 10^5 帕）的 $\dfrac{1}{150}$。在低壓下，水的沸點降低。這好比我們在高山上燒水，海拔愈高，大氣壓力愈低，水的沸點也愈低。有趣的問題是：在什麼壓力下，水的沸點會降到和水的冰點一樣

呢？答案是 610.7 帕。在這個壓力下，冰會直接揮發成水氣。所以，在火星目前的大氣壓力下，液態水不可能在火星地表存在，只可能存在於深谷或地下礦場。

另外，火星地表黑色的物質可能來自火山爆發後的灰燼。據現代理解，在幾十億年前，火星具有較高的大氣壓，可能曾有過澎湃的海洋，也曾發生過多次如《聖經》中諾亞級的大洪水，但現在早已海枯石爛，銷聲匿跡。

1783 年以後，赫歇爾把注意力轉向宇宙中的恆星和星雲，火星觀測的棒子被其他熱情的天文學家接了過去。在這期間，法國人勒維耶 (Urbain-Jean-Joseph Le Verrier, 1811～1877) 因天王星軌道的計算與牛頓力學略有偏差，而預測了一顆新行星應該出現的位置。他先與衙門深沉的法國天文臺接洽，得到的反應是讓他排隊等候，他便即刻與歐洲其他國家聯絡。德國人加爾 (Johann Gottfried Galle, 1812～1910) 在 1846 年 9 月 23 日接到勒維耶的通知，當晚就把望遠鏡指向預測的位置，果然發現海王星出現在勒維耶預測的地點。

其實在早一年，英國人亞當斯 (John Couch Adams, 1819～1892) 也曾有過相同的預測，但以艾瑞 (Sir George B. Airy, 1801～1892) 為首的英國天文觀測家集團對此卻嗤之以鼻，不予理睬，造成科學史上一個重大的失誤案件。

1989 年，地面望遠鏡和「航海者二號」先後發現海王星有 5 個環，其中 3 個分別以亞當斯、勒維耶及加爾命了名，如果亞當斯地下有知，真會吐出一口幽幽的怨氣。

海王星的發現，是牛頓力學一次偉大的勝利。

1877 年 8 月 18 日，美國海軍天文臺的霍爾 (Asaph Hall, 1829～1907) 發現了火星的兩顆小衛星，分別以希臘戰神阿瑞斯的兩個僕人佛勃斯（Phobos，意畏懼）和戴摩斯（Deimos，意驚慌）命名，中文譯名是火衛一、火衛二。這兩顆有趣的衛星，作者將在第七章「火星的月亮」再談。

✦ 火星肥皂劇

　　經過幾代科學家的努力，義大利的夏帕雷利 (Giovanni V. Schiaparelli, 1835～1910) 在 1877 年畫出一張有 113 條「自然河道」的火星地圖，將火星以一個真實世界的面目向人們展示，並第一次使用義文 "canali" 來形容火星上類似河道的地貌。義文 "canali" 有「自然河道」和「運河」雙重涵義在內，而夏帕雷利也的確是以「自然河道」為主要意思，但傳到英語國家後，"canali" 被過濾成理所當然的 "canal"，丟棄了「自然河道」的涵義，只剩下「運河」一個意思。想像力豐富的美國人，聯想到「運河」需要「火星人」挖掘，於是開始了對火星文明世界無邊無際的幻想！

　　火星因英文「運河」一詞而打入了普羅大眾社會。當時的大時代背景是，1869 年蘇伊士運河剛剛建完，修建巴拿馬運河的想法正在媒體上熱烈討論，「運河」一詞的確帶有工業文明世界醉人的魔力。這時，美國波士頓有位富有世家子弟羅威爾 (Percival L. Lowell, 1855～1916)，他的弟弟是哈佛大學校長，小妹是抽雪茄煙的新潮派詩人。羅威爾自稱旅行家、作家和幻想家。1893 年，羅威爾從東方倦遊歸來，被火星運河的魅力吸引，決定在亞利桑那州大峽谷 (Grand Canyon) 附近，人煙稀少、空氣乾燥的旗竿市 (Flagstaff) 郊區，自費興建羅威爾天文臺，專門觀測火星「運河」系統。

在將近 23 年的觀測中，羅威爾畫了不下 500 多條火星運河，其中有些甚至被專家鑑定認可。在這期間，綠色的小火星人開始在通俗漫畫中大量出現。1924 年 8 月 24 日大「衝」時，美國人托德 (Todd) 特別要求陸軍停止無線電通訊 3 天，好讓他監聽從火星傳來的電波。1938 年，哥倫比亞廣播系統 (CBS) 播出作家威爾斯 (Herbert G. Wells, 1866～1946) 的科幻小說《星際大戰》(*War of the Worlds*)，新澤西州的老百姓信以為真，以為是火星人入侵地球，紛紛向郊區疏散，教堂也擠滿了向上帝禱告的信徒，國民防衛隊總動員，著實折騰了一番。

✦ 冥冥之中……

羅威爾重複了上文提到的，因天王星軌道的偏差而導致發現了海王星的歷史，認為海王星軌道也有異動，可能是受一個外圍行星 X 的影響，

▲ 圖 2–6　太陽系九大行星圖。(Credit: NASA)

並預測一顆新的行星應出現的位置。1930 年 2 月 18 日，羅威爾死後 14 年，在羅威爾天文臺工作的湯博 (Clyde W. Tombaugh, 1906～1997) 終於發現了冥王星 (Pluto)。雖然專家認為冥王星質量太小，為地球的 0.0018 倍，無法使海王星的軌道發生變化，但羅威爾歪打正著的推論，促成 20 世紀唯一一顆行星的發現，完成了太陽系九大行星系統（圖 2–6）。

有些專家認為，冥王星「血統」不純，和其餘八大行星不是同類，應屬「矮行星」等級，於 2006 年把冥王星降級，除名於太陽系行星之列。

　　當代天文界雖然沒有強大的證據，來終止羅威爾的火星運河戀對老百姓概念上的誤導，但總覺得他是胡攪蠻纏，盼他趕快銷聲匿跡。而冥王星的發現，卻使羅威爾有了一顆永遠和他的名字同時出現的行星，作者相信他在棺材裡都能樂得翻個身。

　　作者在 2000 年 2 月路過亞利桑那州大峽谷附近的旗竿市，拜訪了羅威爾天文臺博物館和附近的羅威爾墳墓。墳墓造型如天文臺，彷彿仍然在觀測著火星上他想像中的運河。現在，那架他使用了 20 餘年的 24 英寸克拉克 (Clark) 折射望遠鏡，早已卸甲歸田，在幽幽的燈光下，供世人觀賞（圖 2–7）。

▲ 圖 2–7　作者拜訪了羅威爾天文臺博物館和附近的羅威爾墳墓。

✦ 不識盧山真面目

　　從地面觀測火星或任何天體，不論使用多大的望遠鏡，因為地球大氣充滿水氣，以及流動大氣層的阻撓，永遠像霧裡看花。

　　1956 年 9 月 10 日大「衝」前的 18 天，美國天文學家愛默生 (Emmerson) 用威爾森山 (Mt. Wilson) 1.5 米反射式望遠鏡，攝得作者認為最清晰的一張由地面看火星的照片（圖 2–8）。這張照片繼承了數百年天文照片的傳統，也是反的。照片右上方的白色亮區是火星南極，右側較亮的淺黃色區域是赫拉斯盆地 (Hellas Basin)，赫拉斯盆地下方的黑色地盤是色蒂斯大平原，兩者同為地面望遠鏡觀測時代，火星上最顯著的地標。

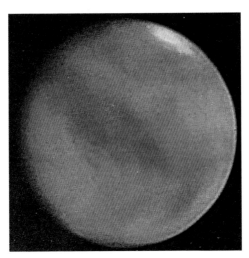

▲ 圖 2–8　美國天文學家愛默生攝得一張由地面看火星的照片。(Credit: NASA/JPL)

為了使成像更加清楚，愛默生得遮住 1.5 米鏡面的大半，只使用中心 50 公分的部分。所以從地面觀看火星，清晰度並不受望遠鏡大小的限制，麻煩是出在地球的大氣層，它不但流動不停、密度和溫度不均勻，所含的水氣也時有變化，是地面觀測無法解決的問題。當然，火星離地球還是遠了些，即使在 1956 年的大「衝」時，也有 5,600 萬公里之遙，再加上火星本身不安分的大氣，又有季節性的塵暴 (dust storm)，真是重重面紗遮住了火星的廬山真面目。如果沒有技術上的突破，恐怕就只好永遠像羅威爾時代，公說公有理、婆說婆有理地糾纏不清了。

1957 年 10 月 4 日，前蘇聯「旅伴一號」(Sputnik I) 衛星升空，人類進入了太空世紀。

03
◆
一飛衝天

✦ 大力神實驗

　　想像你是大力神，站在聖母峰的頂端，輕輕地把一顆棒球丟出去。因為棒球速度有限，在空中飛行了幾百公尺後，就落回地面。你說不行，不夠遠，於是多加點勁再次丟出。這次棒球飛出去遠了很多，但最後還是墜回地面。你逐次增加力量，棒球愈飛愈遠，直到有一次你拚命一丟，發現棒球不見了。

　　85 分鐘後，它竟然由你頭頂呼嘯而過，不再落地。你很快地用牛頓力學計算一下：它的飛行速度為每秒 7.8 公里，作用在棒球上的離心力等於重力。啊！棒球原來已進入「低地球軌道」(Low Earth Orbit, LEO)，成為一顆人造衛星，不再落回地面了！（註：在聖母峰高度的衛星軌道，因為空氣阻力太大，實際上不可能存在，在此僅作為一個說明的例子。）

　　幾百萬年來，人類被重力困在地面，只能向燦爛的星空遙拜。要衝破地心引力進入太空，不是件容易的事。人類由步行、騎馬到發明火車、汽車、噴射式飛機，速度逐漸增快。超音速戰鬥機以近三倍音速飛行，速度不過是每秒 1 公里，距秒速 7.8 公里還是差了很大一截。要達到這麼高的速度，得使用火箭。

✦ 太空競賽

　　近代火箭技術的發展，主要歸功於俄國的希歐考夫斯基 (Konstantin E. Tsiolkovsky, 1857～1935)、德國的歐伯斯 (Hermann J. Oberth, 1894～1989) 和美國的戈達爾 (Robert H. Goddard, 1882～1945)。第二次世界大戰後，美、蘇兩國以其從德國搶過來的 V-2

火箭專家為基礎，積極發展軍用遠程導彈，並暗中較勁，搶攻「低地球軌道」的「高地」。

前蘇聯「旅伴一號」率先於 1957 年 10 月 4 日升空，成為人類第一顆人造衛星。當它像一輛金色的戰車，以凌人的科技優勢掠過北美大陸的夜空時，美國被徹底地震撼了。

1961 年 4 月 12 日，加蓋林 (Yuri A. Gagarin, 1934～1968) 成為第一個飛上太空的人，美國又遲了一步。在排山倒海的輿論壓力下，美國決策者絞盡腦汁，設計了阿波羅 (Apollo) 登月計畫，舉全國之力，與前蘇聯拚搏太空科技勝負。

阿波羅登月計畫的核心構思，是美國不再跟在前蘇聯後面追趕：登月所需的巨大火箭沒人有，登月技術也得從頭發展，所以領先的蘇聯被迫只得玩美國牌，和落在後面的美國一樣，得重新回到百米起跑線上「預備起」。美國則利用這段叫停的寶貴時間，趕緊調節呼吸，重整旗鼓。

前蘇聯不是沒有搶先登月的野心。俄國火箭設計師科羅里夫 (Sergei P. Korolev, 1907～1966) 本想挾「旅伴一號」和加蓋林上天的輝煌戰績，一鼓作氣，直搗月宮。但他的耀眼才華和蓋世功勳，卻因遭同僚忌妒，雄才大略無法施展，在 1966 年 60 歲時，抑鬱而終。

前蘇聯在登月策略上無法達成共識，只得另尋出路，制定出探測金星的計畫。從 1960～1962 年間，至少送出了 3 艘前去金星的探測器，但都沒有成功。看到前蘇聯前去金星，美國只得另撥經費，即刻跟進，於 1962 年 7 月發射「水手一號」(Mariner I)，但因助推火箭故障，被引爆摧毀。一個月後，再發射「水手二號」

(Mariner II)，成功地近距離飛越（flyby，沒進入軌道）金星，測得金星表面的溫度為攝氏 400 度，沒有磁場。這是美國第一次後來居上的太空科技勝利。這次小勝，使美國的信心略微恢復。

前蘇聯又提高價碼，向火星進軍。1962 年 11 月 1 日，發射了「火星一號」(Mars I)，它在正常航行 1 億公里後，通訊中斷，不辭而別。前蘇聯此次雖又以失敗告終，但已足以令美國從逐月的狂熱中暫時甦醒，匆忙擬出「水手號」系列火星探測計畫。籌備兩年後所發射的「水手三號」，因火箭頭部罩蓋 (shroud) 故障，火星小艇無法與燃料耗盡的運載火箭分離，而告不果。一個半月後，「水手四號」使用重新設計的罩蓋，成功地近距離飛越火星，為人類取得了第一組 22 張珍貴的火星近照，正式開啟了登門造訪火星的紀元。

✦ 軌 道

進入了「低地球軌道」，是人類一項劃時代的成就，也是地球生物演化歷史上一個重要的里程碑。幾百萬年前，我們的祖先勇敢地邁出第一步，從樹上爬下來，走進草原，發明工具，朝智慧的道路發展。20 世紀後期，我們有幸成為目擊者，為人類向浩瀚太空邁出的第一步作見證。

以大力神的棒球為例，當棒球的速度達到每秒 7.8 公里時，就進入「低地球軌道」。大力神跟著棒球繞地球飛翔一周，發現棒球的軌道是圓形的。他在聖母峰的頂端，再好奇地以神力把棒球以每秒 9 公里的速度拋出。大力神耐心地等候著，85 分鐘過去了，棒

球還沒有回來。他又等了許久，棒球才姍姍來遲，在地平線上出現，然後，「嗖」的一聲，在頭頂相同位置飛過。大力神趕緊測量一下棒球的速度，仍是每秒 9 公里。當然，我們在這裡是假設沒有空氣阻力的。

這下子大力神可有點糊塗了：為什麼速度快的棒球反而需要更長的時間繞地球一周呢？他決定跟棒球再飛一圈，發現軌道的另一端遠離地球，棒球飛的是一個比圓形軌道大的橢圓形軌道。大力神馬上想起了克卜勒第三定律，在這個大橢圓形軌道上，棒球運轉的週期增長了。他喃喃地對自己說：原來如此，原來如此！

大力神又把速度增加到每秒 10 公里，棒球需要更長的時間才飛轉回來，但仍與以往兩次一樣，由相同位置從頭頂呼嘯而過。大力神終於明白，不管他用多大的力氣把棒球丟出，橢圓形軌道的離心率再大，棒球總會回到原點，讓他能伸手接住。

在這兒有個有趣的問題：在同一個「低地球軌道」上，兩艘太空船一前一後航行，準備銜接，後面的怎麼樣才能追上前面的太空船呢？

一般的回答是：像在公路上一樣，由後面的加速趕上。而大力神的這個觀察剛好與日常的生活經驗相反。後面太空船加速，會形成大橢圓軌道，週期變長，需較長的時間繞地球一圈，回到原點時，反而會落後於前面的太空船更遠。所以後面的太空船要追，得減速，形成小橢圓軌道，才能縮短週期，如願趕上。這是一個與直覺背道而馳的正確答案。第一次接觸到這份知識時，著實令作者因驚訝而讚嘆不已（圖 3–1）！

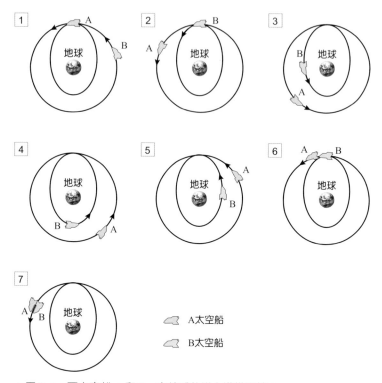

▲ 圖 3–1　兩太空船 A 和 B，在地球軌道上準備銜接：
　1. A 和 B 在同一個大圓形軌道上以等速飛行，B 企圖與 A 會合；
　2. B 在頂點減速，換入一個週期短的小橢圓形軌道；
　3. A 仍以等速飛行，B 的速度漸增；
　4. B 在最低點速度最快；
　5. B 在小橢圓形軌道逐漸追上 A；
　6. B 在頂點加速，回到原來的大圓形軌道，剛好與 A 會合；
　7. 在大圓形軌道上，A 和 B 成為一體，繼續飛行。

　　大力神再做一個實驗，把棒球速度增加到每秒 11.2 公里，他
在聖母峰上等了很久很久，直等到地老天荒，棒球也不復出現了。
他用簡單的牛頓力學計算一下，發現在每秒 11.2 公里的速度時，
棒球的動能與它在地球重力場中的位能相等，棒球達到了「脫離速
度」(escape velocity)，一去不返。

　　動能與位能的關係好比盪鞦韆，在最低點時（地球位置）速度快、動能最大；在最高點時（無窮遠）速度為零、位能最大。棒球以 11.2 公里的秒速從地球衝出，地心引力在後面拉，雖然棒球速度漸慢下來，但不會停止，直至飛到無窮遠，不再與地球有任何瓜葛。以數學語言表示，棒球軌道為開放式的拋物線，速度若大於每秒 11.2 公里的脫離速度，棒球軌道則為雙曲線（圖 3-2）。

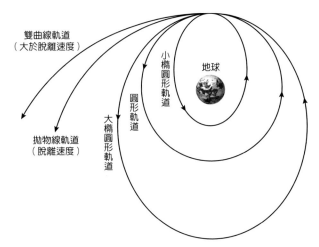

▲ 圖 3-2　太空船的各類型軌道：小橢圓形軌道、圓形軌道、大橢圓形軌道、拋物線軌道（剛好抵達脫離速度）、雙曲線軌道（大於脫離速度）。

換　軌

　　有些讀者可能會問，太空中並沒有鐵軌，你怎麼能叫它軌道呢？軌道是一條已經鋪好的路，在上頭走的車子不能亂跑。通常火車用軌道，自由度小；汽車不用軌道，自由度大。所以像美國這個講求個人自由、在新冠病毒肆虐的疫情下連口罩都無法戴上的國家，於汽車文化剛起飛的 1910 年代，就馬上全面拆除鐵路。所以軌道多少都會和沒有自由聯想到一起。

　　因為無所不在的重力場，所有行星都在指定的太陽軌道上運行。也就是因為地球在那條不自由的太陽軌道上穩定地運行了 45 億年，有足夠的時間演化出智慧型的生物，我們現在才能討論軌道這件事。所以，不自由的結果也不一定都是不好的。太空船受各類星體重力場的控制，都得沿著那條看不見的軌道飛行，動彈不得。

　　雖然火車只能在不自由的軌道上運行，但可以在有換軌機制的指定地點，由甲軌換到乙軌，駛向不同目的地。當然，地球可絕對不能換軌！但太空船卻有這個自由。

　　上文曾用較大的篇幅來形容大力神和他的棒球，一再強調不論何種速度，棒球都會飛回聖母峰頂端，大力神改變球速的起點。這個改變球速的地點，就是轉換軌道的關鍵所在：從圓形軌道到大橢圓形軌道，在這點加速；從圓形軌道到小橢圓形軌道，在這點減速。這三個軌道都在聖母峰的頂端會合。

　　大力神為我們做最後一個實驗。他把棒球在聖母峰上加速到在大橢圓形軌道那頭剛好離地面 35,785 公里，與同步軌道（geosynchronous orbit，週期為 24 小時的衛星軌道）相切。大力神趕到切點，看著棒球掙扎著向這個高度爬升，待抵達他面前時，棒球已把大部分動能（速度）換成位能（高度），比原來的速度慢了許多。大力神接住棒球，沿著切線向東以每秒 3.1 公里的速度把棒球再拋出去。他跟著棒球飛行了 24 小時，發現地面景色不變，棒球似乎停在離地 35,785 公里的高空位置固定不動。他轉身向地球外遙望，「黃道」帶上的星辰卻從他眼前不停地流過。大力神告訴自己：棒球已飛行在一個大圓形地球同步軌道上，換軌成功了！

　　實際操作程序，是衛星先由低緯度向東發射，進入圓形的低軌道，再加速把衛星推到一個大橢圓形轉移軌道，最後再在最高點加速，把橢圓軌道變成週期 24 小時的圓形同步軌道（圖 3-3）。

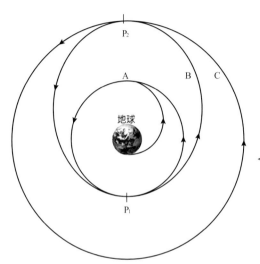

◀ 圖 3-3　太空船換軌道：太空船先由低緯度向東發射，並進入圓形的低軌道，再在 P₁ 點加速，把太空船推到一個 B 大橢圓形轉移軌道，最後在最高點 P₂ 加速，把橢圓軌道變成週期 24 小時的 C 圓形同步軌道。

　　每個國家的地理位置不同，如俄羅斯地處高緯度，同步軌道並不適用，而需使用一個傾角為 64 度（赤道傾角為 0 度，南北極傾角為 90 度）、極為特殊的莫尼亞 (Molniya) 軌道，才能供應廣大幅員的需求。莫尼亞軌道為大橢圓形，近地點在南半球，衛星飛近俄國國境時，軌道變高，速度減慢，可在俄國境內滯留較久。通常三個在莫尼亞軌道的衛星，即可滿足俄國全境 24 小時全天通訊的需求。

　　其實，地球是一個扁平的球，赤道的半徑略大於兩極，造成衛星飛行時在軌道上每點所受重力不同，軌道時有位移失控現象發生，64 度傾角剛好平衡這一自然現象，維持軌道的穩定。

軌道種類繁多，各種軌道間的轉移方法，琳琅滿目，千變萬化。世界各國以及高科技公司也各顯神通，但都是以經濟實惠為考慮問題的焦點。

✦ 發射窗口

進入「低地球軌道」雖然已是人類邁出的一大步，卻只不過是太空探測的起點。從牛頓力學的觀點來看，在「低地球軌道」上飛行的人造衛星，仍然被地心引力牢牢抓住，不能逃脫法力無邊的如來佛手掌心。

前往火星，太空船在「低地球軌道」至少得加速到每秒 11.2 公里，才能脫離地心引力的魔爪，進入去火星的太陽軌道。

在「衝」時，火星離地球最近，約五千多萬公里到一億公里，我們可以選擇兩點間最短的直線距離到火星去。但當我們計算所需要的大量燃料時，立即發現這並不是最有效的航行路線。

1925 年，德國工程師霍曼 (Walter Hohmann, 1880～1945) 在人類進入太空世紀前 32 年，就以數學理論計算出在最節省燃料的條件下，由一個圓形軌道轉換到另一個同平面圓形軌道的方法，通稱「霍曼轉移軌道」(Hohmann transfer orbit)。前文提到的由低圓形軌道轉移到高圓形同步軌道，就是應用霍曼轉移軌道的實例。

但是，從「低地球軌道」轉移到去火星的太陽軌道，情形比較複雜，不同於「低地球軌道」間的轉移都是以單一地心引力為主的。去火星，在軌道轉移過程中，牽涉到三個重力場，即地球、太陽和火星。

從地球去火星，還要涉及好幾個地球和火星運轉的速度。在太陽軌道上，地球每 365 天繞日一周。地球的太陽軌道半徑約為 1.5 億公里，地球每年繞日運行的距離為 1.5 億乘以 2，再乘以圓周率約 3.14，得數為 942,000,000 公里。這個數字除以 365 天，除以 24 小時，除以 60 分鐘，除以 60 秒，得出的地球繞日速度為每秒 30 公里。全部人類都是坐在這個高達 90 多倍音速的地球列車上，在太空中不停地奔馳！當然，這還沒有將別的因素計算進去，即太陽系以 1,000 倍音速，繞銀河系中心旋轉，以及整個銀河系以 3,000 倍音速，向 5,000 萬光年外的室女座星系團 (Virgo Cluster) 墜落。

以同樣方法計算，火星繞日速度每秒約 24 公里。

地球每 24 小時由西向東以逆時針方向自轉一周，地球平均半徑為 6,378 公里，一周距離為 4 萬公里，折合速度約每秒 0.5 公里。這與進入「低地球軌道」的每秒 7.8 公里速度相比，雖然不到 10%，但對於由低緯度向東發射的火箭，卻因有效使用了地球自轉速度，而節省了大量進入「低地球軌道」所需的燃料。

去火星的太空船，都是從「低地球軌道」出發，加速到脫離地心引力的速度，再進入特定的太陽軌道，追上在另一個太陽軌道運行中的火星。這恰似用步槍打飛靶，但相對速度要比步槍打飛靶快上數十倍。

打飛靶，瞄準的是飛靶飛行路線的前方，使子彈與飛靶在空間同一點會合，才能擊中目標。子彈與飛靶的速度不同，瞄準方向和扣扳機時刻，就成為最關鍵的兩項要素。

霍曼轉移軌道要求：由地球出發的太空船，在發射時，與想像中 180 度外火星「合」的位置會合。換言之，會合地點是在太陽的另一端（圖 3–4）。簡略估計，可以畫一個直徑兩邊切著地球和火星軌道的圓圈，而由地球到火星的半圓，就是霍曼轉移軌道。去火星的太空船得先進入「低地球軌道」，在軌道適當的地點，加速到每秒 11.2 公里，脫離地心引力範圍進入太陽重力場，馬上對軌道稍作修正，進入霍曼轉移軌道，被太陽重力場吸住，如此不必再消耗推進燃料，便開始一個以克卜勒第三定律計算出的 5.9 億公里、259 天的滑行旅程，去赴與火星的約會。

　　從地球發射太空船時開始計時，火星要在發射後 259 天，到達太陽對面「合」的約定地點，與太空船集合。火星繞日一圈 687 天，259 天跑 360 度中的 136 度。所以在太空船發射時，地球落後火星 44 度（圖 3–5），約略是「衝」之前 100 天的位置。因為從地球出發的太空船比火星跑得快，所以在「起跑」時，得「讓」火星一點，這是一個合理易懂的安排。

　　地球落後火星 44 度的位置，每 780 天發生一次。所有去火星的太空船，都得在這個相對位置正確時候的發射窗口出發，才最省燃料。

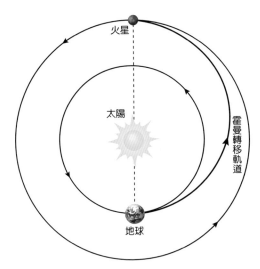

▲圖 3-4 去火星的太空船脫離地球重力場後,進入一個
半圓形的太陽軌道,和 180 度外,在其發射時與地球呈
「合」的位置的火星會合。

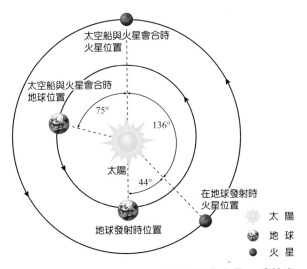

▲圖 3-5 去火星的太空船要在地球落後火星 44 度時出
發,才剛好在 259 天後趕到太陽對面與火星會合;太空
船與火星會合時,地球已走到火星前面 75 度。地球落後
火星 44 度時,地球的「發射窗口」開放,約 30 天。

✦ 「水手號」爬坡追火星

太陽系所有的行星都被太陽吸著，在遠近不等的軌道上運行。如果我們把太陽的重力場比喻成一個山坡，則太陽位於山腳，地球位於山腰，下頭有水星和金星，上面有火星、木星和土星等行星。從地球到金星和水星，走的是下坡路，比較省勁；從地球到火星，要爬坡，費力。

火星以每秒 24 公里速度在太陽軌道上運行，地球則是每秒 30 公里，比火星跑得快。太空船脫離地球時，速度約為每秒 30 公里加 11 公里，即 41 公里。脫離地心引力、進入霍曼轉移軌道時，速度至少為每秒 33 公里，開始滑行爬「坡」追趕火星，逐漸減速。

如果大力神在火星做軌道速度實驗，他會發現火星的脫離速度為每秒 5 公里；反過來說，太空船與火星的相對速度低於每秒 5 公里時，太空船就會被火星捉住，成為火星的衛星。換句話說，太空船與火星會合時，速度一定得低於每秒 24 公里加 5 公里，即 29 公里，否則太空船與火星擦肩而過，失之交臂。

當太空船經過 259 天飛行抵達火星時，速度皆高於每秒 29 公里，因此，若要進入火星軌道，就需剎車減速，好讓火星抓住。一般以火箭向反方向噴射來完成剎車。火箭噴力的大小和時間的長短都有講究，否則不是飄逸出軌，匿跡於太陽系，變成無用的太空飄浮物，就是衝入火星大氣，墜地焚毀。

但那艘渺小的太空船，在遙遠的火星能夠毫無閃失地進入火星軌道，確實比穿繡花針還難。所以人類剛開始送往火星的太空船，都只近距離飛越，驚鴻一瞥，匆忙地照幾張相片傳回地球，我們就歡呼雀躍，心滿意足了。

　　近距離飛越火星，對速度的要求不像進入軌道那麼嚴格，太空船的速度可快可慢。以「水手四號」為例，它在 1965 年 3 月 9 日「衝」前 101 天發射，228 天後就與火星會合，比 259 天的霍曼軌道快出一個月，可算是平快車。地球出發與火星會合點之間的直線距離為 21,500 萬公里，但「水手四號」在軌道上航行了 52,000 萬公里。在太空沒有走直線的，都得沿著最省燃料的彎曲軌道航行。

　　圖 3-6 畫出了「水手號」太空船去火星的航線。太空船脫離地球後，以大於地球在太陽軌道的速度（大於每秒 30 公里）滑行「爬坡」，飛向火星。在太空中，地球、太空船、火星在三個不同的太陽軌道上，呈編隊飛行狀態。太空船因爬坡滑行，速度漸慢，100天後地球與火星「衝」，此時太空船速度已低於地球，但仍然高出火星的每秒 24 公里。三個多月後太空船追上火星時，地球已領先火星一段距離。在七、八個月「編隊飛行」期間，太空船離地球還不算遠，電磁波五、六分鐘可打來回，與太空船聯絡尚稱方便。

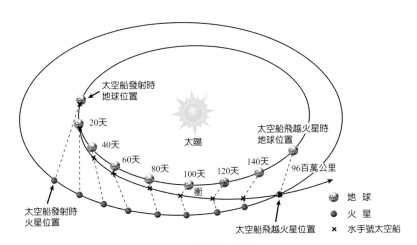

▲ 圖 3-6　「水手號」太空船去火星的航線示意圖。

「水手四號」、「水手六號」、「水手七號」系列任務，皆為在距火星數千至一萬公里外拍照，傳回地球，一直到「水手八號」和「水手九號」，才開始設計進入火星軌道，成為火星的人造衛星。

以「水手九號」為例，它在 1971 年 8 月 10 日的大「衝」前 72 天出發，以 167 天「特快」車的速度抵達火星，速度快則要剎車，需大量火箭燃料。比較起來，「水手四號」總重量僅為 261 公斤，沒帶剎車燃料；「水手九號」重達 977 公斤，一半用在進入火星軌道 15 分鐘的剎車上。所以，要進入火星軌道，太空船要攜帶大量剎車燃料。

若使用完全理想的霍曼 259 天的轉移軌道，發射窗口就是在地球落後火星 44 度前後幾天。要想把這個發射窗口限制放寬，太空船的速度就要增快，脫離地球時需要多些燃料，在與火星會合時，也得用大量燃料剎車，太空船的重量必得增加，這是不能避免的代價。若不增加剎車燃料，每增加 1 公斤科學儀器，速度就得慢些，才能剎得住車，旅程也得多出來一天，發射窗口跟著就縮短一天，所有工作人員得加班加點，搶出這一天。萬一碰到天候不合作，或機件發生嚴重故障等情況，無法在發射窗口開放期間上路，就要等上 780 天，後果的嚴重性不堪設想。

✦ 精打細算到了極點

月亮距地球 40 萬公里，「阿波羅」登月小艇平均速度為每秒 1.5 公里，需三天多路程抵月。

如果以火星太空船每秒 30 多公里的高速，則不用 4 個小時就到。我們為什麼不讓太空人乘「子彈」列車去月亮呢？不是不想辦，而是辦不到。原因是無法運載足夠的燃料，剎不住車，進不了月球軌道，更別奢望登陸了。以「阿波羅」登月小艇為例，即使只以每秒 1.5 公里的蝸牛速度往月亮飛行，減速登陸後，也只剩下了十幾秒鐘的燃料，可謂精打細算到了極點。

一般希望飛行的時間愈短愈好，因為在太空時間愈長，危險性就愈高。各類高能量粒子打入半導體電子板，夜路走多了把電腦程式的「1」變成「0」等情況都有可能發生。若與大小不等的微隕石碰撞，則太空船可能不告而別，音訊杳然。在設計太空船時，任務週期愈短，儀器的可靠性愈高，成功率愈大，造價也愈經濟。

如果太空船還要登陸火星，所需技術更高。因為在登陸後，地球已遠遠把火星拋在後頭。

若想取得火星樣品再返航回地球，得在火星上耐心等候地球繞回來，在火星後面呈 75 度時，才能出發脫離火星，減速，向地球以霍曼轉移軌道加速墜落，在「合」的位置與地球會合。地球在火星後面呈 75 度時，是由火星返回地球的發射窗口。以理想的霍曼轉移軌道計算，雙程火星任務約需 2.66 年，等於 973 天。在第十章「往返火星」中，作者會詳細解釋。送人登陸火星，情況更加複雜，作者會在第十二章「火星 我們來了」中，著重說明。

從 20 世紀 60 年代人類開始發射太空船前往各行星訪問後，高科技國家在 1967 年制定了國際條約，自願承擔道義上的責任，盡量不對別的星球造成環境汙染。

在火星探測任務中，所有太空船在發射時，先只虛瞄火星的前方，萬一太空船發射後失控，不會因直接撞上火星，而產生不必要的汙染；待太空船進入太陽軌道，一切設備運轉正常後，才把火星目標調到「靶心」。此外，在中途和進入火星軌道前，太空船還有數次調整軌道的機會。還有，在發射前，所有登陸小艇 (Lander) 都要經過 50 小時的高溫（攝氏 125 度）殺菌消毒程序。

04.
幾顧茅廬

✦ 神祕世界

　　在「水手四號」出發前夕，人類對火星所擁有的知識極為有限，火星仍為一個神祕世界。

　　克卜勒循著火星在夜空中的軌跡，衝出了 1,400 年來托勒密的天牢，找出諸行星繞日的橢圓形軌道。伽利略看到了火星呈新月狀，他肯定親眼見過火星的「陰晴圓缺」，相信火星和金星一樣，都以太陽為中心運轉。惠更斯畫下第一張色蒂斯大平原素描，測定出火星自轉週期和地球相近，約 24 小時，且和卡西尼都先後觀察到火星南極冰帽。卡西尼並以火星與地球的相關位置，第一次測出地球與太陽間的距離（一個天文單位）。赫歇爾兄妹量出火星自轉軸有傾角，和地球差不多，並有大氣存在的跡象，推論火星也應四季分明。霍爾發現火星有兩個衛星。夏帕雷利的火星地圖勾起羅威爾的幻想，為火星譜出近 500 條運河，間接引進設計運河的工程師，把火星和科幻攪成一團，打入了普羅大眾社會。

　　但我們還不知道火星大氣壓到底多少？科學家在 250～850 帕之間爭論不休（地球為 10^5 帕），對大氣成分也搞不清楚。從地球表面觀測火星大氣的光譜，要通過地球大氣層。地球大氣以氮為主，即使火星有氮氣，火星大氣的光譜也會完全被地球本身的氮氣干擾，以致無法從地表確定火星是否有氮。但火星是地球近鄰，我們有的，他們也可能有，所以，一般認為火星大氣也應以氮氣為主。但二氧化碳率先被「水手四號」直接測量到，行情看漲，大有後來居上的局勢。我們對火星大氣層的厚度則一無所知，溫度數據也闕如，對火星地表的瞭解更是一片模糊，議論紛紛。

　　幾百年來，火星地貌時有變化，造成科學界百家爭鳴。有人說黑色的是滄海，也有人說是桑田。1954 年間，一塊像中國東北那麼大的地盤，突然變黑，找不出原因，令人類目瞪口呆，嘆為觀止。有一次甚至為火星上雲朵的形狀，分成兩派展開論戰。一派認為那片蒼狗浮雲應是火星人的「星標」，因為像英文字母 M (Mars)，另一派則不以為然，認為 M 應反過來當 W (War) 看，是火星向地球下的戰書。但參加舌戰的雄辯家，從沒討論過為什麼火星人也用英文？哦，還有「運河」，沒有科學家願意公開談論這個話題，因為找不到證據證明其存在，但亦苦無反證，趕不走羅威爾的陰魂。

　　其實大部分火星的問題均出在地球的大氣層上。地球大氣充滿水氣，並且永遠不停地流動，空氣的密度、溫度都不均勻，從地球看火星，像霧裡看花，若隱若現。在前蘇聯 1962 年送出「火星一號」後，美國在 1963 年「衝」的期間，把一架口徑 90 公分的「平流層計畫」(Project Stratosphere) 望遠鏡以氣球送上 30 餘公里的地球高空，測出火星的大氣含有二氧化碳和水氣，沒測到氮氣。即使超越了 96% 的空氣干擾，火星仍在 1 億公里以外，距離還是太遠，對人類有遙不可及的挫折感。

　　人類掌握了太空科技後，像是從魔瓶中放出的精靈，不必再承受挫折感的屈辱，我們要到火星的大門口前看看！

「水手四號」

　　「水手四號」重 261 公斤，載有 6 件科學儀器，外加一架照相機。6 件儀器中有 3 件是在飛行途中測量太空中各種輻射能量，1

件計量太空船被微隕石碰撞的次數，剩下 2 件儀器測量火星的磁場和火星的范艾倫輻射帶 (Van Allen radiation belts)。

去火星的太空船偶爾會無疾而終，上億美元的投資「噗哧」一聲，頃刻間化為烏有，科家們懷疑是微隕石碰撞所致。「水手四號」要經過「流星雨」帶（眾彗星在固定的太陽軌道上留下的微塵，地球每年定時通過微塵區時會引發流星雨），雖然預測不會發生問題，但前蘇聯兩年前的「火星一號」事件記憶猶新。如果「水手四號」不幸被殺手微隕石做掉，至少可以留下一份驗屍報告。

磁場與行星內部的構造、物質有關。地球比重為 5.5，基本是個大鐵球，有巨大的磁場，可排斥（在范艾倫輻射帶裡）、集中由外太空射向地球的各類高能量粒子，保護地球生物的染色體基因不受傷害，避免產生癌變，功德無量。如果火星擁有夠大的磁場，又有類似的范艾倫輻射帶，生命存在的可能性便會增加。

人類一個無法抑制的幻想，是前往火星一遊。去火星，最大的技術困難是克服太空輻射對人體的傷害。「水手四號」就已開始了這項艱巨的研究工作，但時至 2021 年的今天，人類還在研究它，沒有定論。以目前這項科技發展速度，作者預測人類火星之旅，可能無法在 2050 年前實現。若作者能活到 107 歲，還能有緣親睹。

「水手四號」的照相機，萬方矚目。人類要通過它的鏡頭，一了數百年的宿願，把火星看個夠。照相機使用的是 1960 年最先進的數字式光導攝像技術（vidicon，為電荷耦合組件，即 CCD 前身）。每張照片 200 行，每行 200 個光點，每個光點六位二進位數字，64 黑白明暗層 $(2 \times 2 \times 2 \times 2 \times 2 \times 2 = 64)$。每張照片需要 $200 \times 200 \times 6 = 240,000$ 位元 (bits)。

　　「水手四號」飛越火星照相的時間為一個小時多些，只能拍22 張照片，第 11 張該是最清晰的。拍好的照片，先記錄在一條100 公尺長的磁帶上，等 22 張照片全拍完，再傳回地球。傳的速度為每秒 8.33 位元，一張照片需用 8 小時，22 張要 7 天多才能傳完，慢得令人覺得「過了一天又一天，心中好似滾油煎！」

✦ 飛　越

　　1964 年 11 月 28 日，是 1965 年「衝」前的 101 天，「水手四號」成功地脫離地球軌道，瞄準與火星會合點正前方 25 萬公里處，進入太陽軌道。

　　進入太陽軌道後，一切運轉正常，滿足了第一次軌道修正條件。要做軌道修正，得先把太空船的飛行方向和姿態 (altitude) 確定。

　　姿態是太空導航中一個簡單而重要的概念。比如一個人從甲地到乙地，先向北走 1 公里，右轉，走 100 公尺，左轉，再往北走到目的地。「北」是個絕對方向，放諸宇宙皆準，可以用恆星位置定向；「左」和「右」則是個相對概念。如果一個人臉朝前、大頭朝下，左變成右，用同樣方向說明，走不到目的地。頂天立地，就是人的姿態。「水手四號」的姿態，即決定相機鏡頭的方向。

　　「水手四號」以船底座 (Carina) 中的老人星 (Canopus)，和一直在太空船左舷、幾乎與飛行方向垂直的太陽定向。這兩顆恆星和太空船上的慣性陀螺儀 (gyroscope)，決定了「水手四號」的飛行方向和姿態。

老人星在南半球星空，僅次於天狼星 (Sirius)，是天上第二顆最明亮的恆星。但「水手四號」在尋找老人星時發生困難。它先鎖定金牛座的天鉤五 (Alderamin)，地面送上再尋找指令後，又鎖定獅子座 (Leo) 中的軒轅十四 (Regulus)，最後竟然盯住一粒與太空船同飛的火箭燃料灰燼的反光點。12 月 5 日，「水手四號」終於找到了老人星，修正軌道後，把太空船調到由火星背後約 1 萬公里處飛越。

　　由火星背後飛過，是一項重要的安排。從「水手四號」的無線電波被火星擋住，到再從火星另一邊出現，我們可以量出火星的大氣厚度和粗略成分，從而估計火星的大氣壓數值。

　　「水手四號」飛了 228 天，於 1965 年 7 月 14 日美國西海岸時間下午 5 時 18 分 33 秒，在離火星 17,000 公里處打開鏡頭，開始照第一張相。美國西海岸時間下午 6 點 01 分，抵達最近點，離火星表面 9,844 公里，攝得第 11 張照片。

　　「水手四號」照完 22 張相片，與火星揮別，開始以每秒 8.33 位元的蝸牛速度，花了 10 天的時間（作者現在用來寫這本書的電腦工作速度比它快 1 億倍，只需 0.01 秒不到），向遠在 1 億公里外的人類傾訴它的火星遊記和工程數據。講完故事後，它就變成了宇宙漂流物，1967 年 12 月通訊中斷，幾億年後，將墜入太陽焚毀。

　　這 22 張照片中的第 1 張模糊不清，但確定照相機運轉正常。第 7 張照片顯示出了火星上的隕石坑，猶如月球表面，令人震撼。正如預測，第 11 張最清晰，以後的照片品質漸減，但表露出火星地面有結霜或低蓋雲層的痕跡。第 15 張為最後一張可用的照片。第 16 張後進入了火星的夜空，張張漆黑。

✦ 死的行星

　　與後來高解析度照片相比，第 11 張照片的品質僅夠得上「中下」。但它第一次為人類揭開了火星重重的蓋頭，堪稱是一項劃時代的科學成就！

　　1965 年 7 月，作者 22 歲出頭剛大學畢業，模糊地記得當時美國總統詹森 (Lyndon Baines Johnson, 1908～1973) 向記者炫耀過一幅紅色星球的照片。34 年後，為了尋找這幅人類歷史上珍貴照片的原版，作者在美國航太總署總部資料室，花了一下午時間，在上萬張檔案照中，終於找到這幅編號為 65-H-1236 的照片（圖 4–1）。

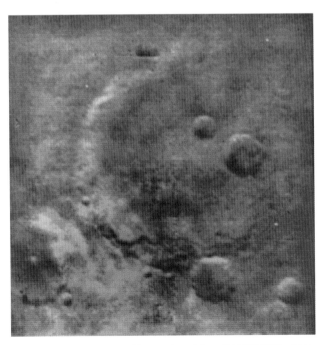

▲ 圖 4–1　「水手四號」於 1965 年 7 月 14 日拍下編號為 65-H-1236 的第 11 張照片，第一次為人類揭開了火星層層的蓋頭。
(Credit: NASA)

這張照片覆蓋面積是邊長約 250 公里的正方形，地點位於火星南緯 34 度，西經 161 度。太陽在正北偏天頂 47 度角。照片中顯示出多個從直徑 150 公里到幾公里的隕石坑，邊緣陡峭，輪廓鮮明，與月球上的隕石坑相似。有的坑中有坑，大大小小、密密麻麻，各類水、風侵蝕現象微弱，意味著火星現在似乎有如以往，從來沒有水的存在。從星球與衛星搜集的數據顯示，太陽系隕石風暴已在 38 億年前消停。死寂的火星似乎還在為那隕石如雨的太陽系形成初期做歷史的見證。

以無線電波測量，火星的大氣密度比預期還薄，推算出來的大氣壓以二氧化碳為主要成分，在火星地表，低於 1,000 帕，不及地球的 $\frac{1}{100}$。測量結果，火星沒有磁場和輻射帶的保護。宇宙高能粒子和太陽紫外線，長驅直入，轟擊火星地表，進行亙古的清毒工作。以地球的眼光看來，整個火星地表就是一個天然的無菌室！

這些發現，足以令《紐約時報》以社論宣判火星是「死的行星」(The Dead Planet)。一般老百姓認為，既然《紐約時報》都這麼說，真實情況一定如此。

反對的人說，結論不要下得這麼快！在地球軌道萬里高空照相，也看不出來任何地球生命跡象，更何況「水手四號」只照到火星不到 $\frac{1}{100}$ 的面積。支持羅威爾運河的人，在第 11 張照片中看出一絲絲的河道痕跡。總之，羅威爾的運河，還是不能放棄。

「水手五號」去了金星，也獲成功。

✦ 借屍還魂

　　1969 年 2 月和 3 月，美國先後再送出「水手六號」和「水手七號」，在人類登月一個星期後，分別經火星 5,500 公里處飛越，在赤道和南半球處，共拍得 201 張火星照片。這次照片傳回地球的速度比「水手四號」快了 2,000 倍，傳 201 張照片只需 2.5 小時。

　　這些照片繼續顯示火星上滿布像月球表面大小不等的隕石坑。「水手六號」第 20 張高解析度的照片可分辨出小至 300 公尺大小的圓坑（圖 4-2）。太陽由左側以低角度射入，坑的輪廓清晰。照片中央略上方的圓坑約直徑 5 公里。圖左邊緣有一個 15 公里直徑雙同心圓圈，比月球背面直徑 900 公里的雙環隕石坑 (Mare Orientale) 小了一大號。由圖右下方起隱約有條向上延伸的山脈，這是個新發現。總的來講，隕石坑侵蝕現象不明顯，明確肯定了「水手四號」的觀測。

　　但「水手六號」和「水手七號」又發現其他兩類地表。在赫拉斯盆地看到了連綿千里毫無隕石坑的地形。在太陽系形成初期，隕石風暴肆虐，隕石碰撞理應平均分布，像我們觀測到的水星（圖 4-3）、月球（圖 4-4）和卡里斯多衛星（Callisto，木衛四，圖 4-5）等。隕石坑不存在，合理的解釋是被侵蝕掉，風化可能是首要原因。另一個原因也可能是被火山噴出的熔岩覆蓋，但到「水手七號」為止，我們尚未觀測到火星上有任何火山活動跡象。

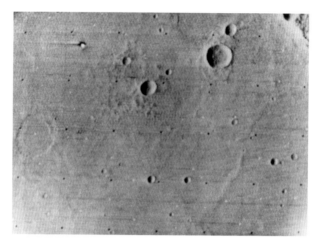

▲圖 4–2　「水手六號」第 20 張高解析度的照片可分辨出小
至 300 公尺大小的圓坑。(Credit: NASA)

▲圖 4–3　水星上分布密集的隕石坑，侵蝕現象不明顯。
(Credit: NASA)

▲ 圖 4-4　月球上眾多的隕石坑。(Credit: NASA)

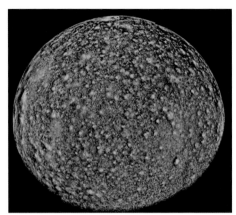

▲ 圖 4-5　木星的卡里斯多衛星（木衛四）上密集的隕石坑。(Credit: NASA)

另一大類可統稱為混亂地形 (chaotic terrain)，與地球大規模山崩後的遺跡相似。雖然在「水手六號」75 張照片中僅有 2 張與這類地形有關，但地質學家預測火星的一半地表應屬此類。成因極可能是地表下的水結凍後融化，造成地層大規模塌方。

「水手六號」後，「水」和「冰」兩個字開始與火星密切掛鉤。因為液態水的介入，有人認為火星在久遠以前很可能有足夠的大氣壓，曾有過溫、溼的環境，適合生命起源的條件。瞬時間，火星又借屍還魂，向人類眨了下眼。

至於羅威爾的「運河」，「水手六號」、「水手七號」在覆蓋火星 19％的面積內仔細搜索，從未現形，運河派至此銷聲匿跡，壽終正寢，不再煩人。

「水手六號」正確量出火星在北緯 4 度的直徑為 6,746 公里，是地球的 53%。正午溫度可達攝氏 15 度，入夜後，可降至零下攝氏 75 度。大氣 99% 為二氧化碳，沒有氮氣存在的跡象。氮氣是地球大氣主要成分，也是生命組成的要素之一。作者在後文會再談這個關鍵問題。

進入火星軌道

1971 年 8 月 10 日是人類進入太空世紀後的第一個大「衝」，野心人士本想挾登月的神威，一舉也攻克火星。但火星遠在天邊，巨大的科技鴻溝仍需克服，送人登陸火星喃喃說夢，遙不可及。

但通過三次「水手號」飛越火星的成功，進入火星軌道的穿繡花針技術已可信手拈來。美國設計了「水手八號」、「水手九號」，前蘇聯則有「火星二號」、「火星三號」，在大「衝」年間，4 艘太空船爭先恐後地進入去火星的轉移軌道，絡繹於途，去火星的路塞車了！

前蘇聯「火星二號」、「火星三號」且有登陸能力，繼承一貫傳統，繼續向美國加碼。美國「水手八號」搶先在大「衝」前 94 天發射，五分鐘後第二節火箭故障，墜毀大西洋底。前蘇聯「火星二號」9 天後跟進，進入太陽軌道，首征火星。9 天後再成功發射「火星三號」，捷報頻傳，為前蘇聯上了雙保險。

美國則在 22 天內，將「水手八號」的任務轉移到「水手九號」，在發射窗口即將關閉的大「衝」前 72 天，以 167 天特快車的速度，趕在「火星二號」前面 14 天，成功地進入火星軌道，成為人類第一顆繞其他行星運轉的人造衛星。

三艘太空船在 11 月中旬，先後進入了火星軌道，發現火星完全籠罩在全球塵暴中，一片模糊，地表深藏不露。其實地面望遠鏡從 9 月起已經注意到火星地表逐漸朦朧，到 10 月時每況愈下，便已經預測一個規模巨大的塵暴即將降臨。

前蘇聯「火星二號」、「火星三號」為全自動設計，只能按照電腦中預先儲存的程序開始操作，放出登陸小艇，衝進火星狂烈的塵暴中，「火星二號」墜毀。「火星三號」成功登陸 90 秒後，僅傳回約 20 秒長的灰圖像就通訊中斷，沒取得任何科學數據，從此音信杳然。

美國「水手九號」接受地球指令，關機節省能源，進入冬眠狀態，在一個大橢圓形軌道上（近點 1,200 公里，遠點 17,120 公里，週期為 12 小時），靜靜等待晴朗時刻的來臨。

兩個月後，塵暴轉弱，風沙開始向火星地表沉積。「水手九號」看到有四個黑點首先露出雲霄，其中三個由西南向東北一字排開，第四個最大，在西北方，為奧林帕斯山 (Olympus Mons)。圖下方新月尖點為阿吉爾平原（Argyre Planitia❶，南緯 52 度，西經 45 度），呈閃亮圓形，因晨霜反射所致（圖 4–6）。

▲ 圖 4–6 火星四個巨大的火山口破雲而出。(Credit: NASA)

❶ 地形描述往往是由觀測者在當下環境中所作出的定義。例如：隕石撞擊出的巨大隕石坑，若由衛星在外太空觀測，則為盆地；若由當事者在盆地中廣大的低窪地觀測，則為平原。故本書中若為「衛星」觀測之地形，則以盆地描述；若為在地面上所作之觀測與對圖片之解釋，則以平原描述。事實上，兩者均意指火星上同一地貌。

回想人類剛開始把望遠鏡瞄準月球時，看到的坑都呈圓形。當時的理解認為只有從地底噴出的岩漿才能形成圓的形狀，而隕石可從不同角度撞擊地面，坑口的形狀應該是橢圓形的居多。在月球上沒有橢圓形的坑，所以有很長的一段時間，人類認為月球上的坑全為火山口。第一次世界大戰期間，從地雷實驗中人類終於學到，只要爆炸在地下發生，上面的口都呈圓形。隕石雖然以不同角度撞擊地面，但它都是鑽入地下後再爆炸，像威力巨大的地雷一樣，也應造成圓坑❷。

　　目前在火星看到的四個黑點應是山口，但尚無法確定是由隕石或是火山造成的。

　　「水手九號」以前，在照相機拍攝到的 20% 火星地表面積裡，看到的都是隕石坑，火山尚未粉墨登臺。

　　塵埃落定後，竟然是 4 個巨大的火山口呈現在眼前。西北方的叫奧林帕斯山，火山口直徑 65 公里，內含數個小火山口，被幅員廣大的熔岩區包圍，四面放射出去。熔岩面像剛出爐的麵包，鮮有幾處小隕石撞擊口，道出火山年輕，只在 5 億年至 10 億年之間。

　　奧林帕斯山高 22 公里，寬 600 公里。和地球比較，奧林帕斯山可裝下 3 個聖母峰，或是整個夏威夷火山系列，輕而易舉地成為太陽系中唯我獨尊第一峰（圖 4–7）。

---

❷ 通常質量 100 噸以下的隕石與地表碰撞後，因能量不夠，可能直接鑽入地下，引不起爆炸。比 100 噸大的隕石，若以每秒 5 公里的速度碰撞地球，其爆炸力相當於與隕石本身同等質量的黃色炸藥（TNT）。若以每秒 50 公里的速度碰撞地球，其爆炸力增加 100 倍。以一塊 200 噸的隕石為例，以每秒 50 公里的速度碰撞地球，總爆炸力約相當於投在廣島的 2 萬噸級 TNT 的原子彈。

其他 3 個火山皆高 20 公里，噴出的岩漿厚達 5 公里，方圓 4,000 公里，稱塔西斯高地 (Tharsis Bulge)，與奧林帕斯山遙遙呼應，形成火星上質量高度集中、規模宏大的高原。

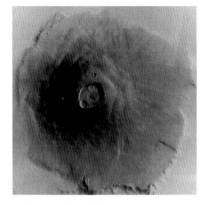

▲圖 4-7　奧林帕斯山。(Credit: NASA)

根據計算，「水手九號」週期應為 11 小時 58 分 48 秒，但實際上快了 34 秒，原因正是這塊質量高度集中的高地在作祟。

奧林匹卡幽靈

在「水手九號」以前的地面觀測，有時可看到奧林帕斯山位置白雲繚繞，虛無縹緲，一向被稱為奧林匹卡幽靈 (Nix Olympica)，從沒想到它可能是火山口。

火山，象徵星體內部的活躍。但火星的火山與地球的火山有極大不同。比較起來，火星可能和地球一樣，曾經有過一些由地函 (mantle) 深處岩漿噴出的固定「熱點」。地球有板塊構造運動 (plate tectonics)，當板塊通過固定的熱點上方時被「燒」穿，岩漿破板塊而噴出，在噴出的位置就會形成一座火山。熱點火山噴了一陣子，就被向前移動的板塊帶走，離開熱點，成為死火山。新的活火山又在熱點上方形成，周而復始。

離熱點愈遠的死火山年齡愈古老，夏威夷群島的一條由 132 個火山島嶼組成的長鏈，就是個明顯熱點火山群例子。因為每個火山通過熱點上方的時間有限，噴的時間不會太久，火山就不會太高。

火星則不然。火山口在熱點上方形成後就坐著不動，一噴就是幾億年。新熔岩蓋在老熔岩上，一層加一層，新仇舊恨，節節拔高。難為了一個體積僅為地球 15％的小矮個兒火星，嘔心瀝血，經營出太陽系最高的山峰。這也直接證明了火星沒有板塊運動。

　　在行星形成初期，火山活動將水分、二氧化碳及其他氣體從地心釋放出來，增加並也穩定了大氣壓，又以溫室效應維持大氣溫度。行星火山活動頻率一般是隨時間遞減，38 億年前隕石風暴時期應比距今 20 億年前活躍。「水手九號」看到的火山竟是那麼年輕，表示火星火山活動活躍期長。在火星成形後的 10 億年中，即生命起源的關鍵時刻，火山更應是頻頻爆發，甲烷遍布、硫磺濃湯漫流。以地球經驗，這正是生命伊甸園的寫照，為各類厭氧、嗜熱、嗜硫、嗜甲烷等古菌 (archaea) 起源的溫床。

　　年輕的火山給人類帶來了另一個希望：火星雖然目前氣壓偏低，液態水無法在地表存在，造成地表是一個乾冷死寂的世界。但近至 5 億年前，火星火山仍然活躍，噴出大量氣體，大氣壓肯定比現在高出許多。氣壓高，溫室效應使得上勁，導致大氣溫度高升，地表液態水現形，紫外線也被過濾，應是適合生命生存環境。生命一旦存在，就能適應未來每況愈下的逆境，或改變遺傳基因構造，或鑽入地下水源之地，甚或乾脆閉目養神，進入亙古冬眠潛伏狀態，待機復出。

　　火星通過年輕的火山，可能又向人類拋個媚眼，說：「我是活的！」

　　在地球，每幾億年或幾十億年，大部分地表板塊都會被送入地心工廠，板塊中鎖在礦物內的結晶水和各類其他氣體、金屬、礦

物，經過熔化、分化、集結包裝後，經由火山，以新成品再進入市場。板塊活動可說是負起地殼循環的功能。

在地球，若沒有板塊活動，水將逐漸進入各類固體和化學分子間隙，形成結晶水，不能自由流動，無法參與生命工作液體的功能。長此以往，地球可用之水將會愈來愈少，對生命演化不利。

板塊和火山活動是一體的兩面、地球重要的循環系統、生命生存演化的關鍵。火星沒有板塊活動，好比汽車只有一缸汽油，沒有加油口。油盡車廢，很可能是目前火星的寫照。

地球人類文明科技的發展，也仰賴板塊活動。進入地心的板塊熔化、分化、集中各類礦物，形成接近地表的礦源，供人類開採，促進文明發展起飛。對火星而言，這是題外話，是天方夜譚。但人類若要尋找外太空文明世界，板塊運動的存在，是文明世界履歷表上的重要條件之一，也應是以碳為基礎的生命行星——遠遠望去，發出幽幽藍光的含氧「藍色星球」——向人類提供的一個強烈暗示。

✦ 水手號谷

「水手九號」在塔西斯火山高地的東面、赤道南邊，看到了一條大峽谷。峽谷東西走向，約 200 公里寬，8 公里深，4,500 公里長。峽谷形成的原因尚無定論，有人認為是由久遠以前的洪水沖積而成；但比較可能的成因是由胎死腹中的板塊運動造成的，與地球上由莫三比克起經紅海進入敘利亞境地的東非大裂谷類似；甚或是地底岩漿被 4 個火山噴出太多，地基下沉，而形成裂谷。但火星的裂谷又大了地球一號。

為了紀念「水手號」對火星探測的貢獻，這個規模宏大無比的峽谷就被命名為「水手號谷」❸ (Valles Marineris)。

　　「水手九號」也看到上千條寬窄不等乾涸的自然河道，是它對人類火星觀測最重要的貢獻之一。這些自然河道從地球上看不到，但絕對不是羅威爾的運河。這些河道娓娓道出了火星水的歷史，作者在第八章「諾亞洪水」再來詳談。

　　「水手九號」觀測了火星全部地表，共拍攝了 7,329 張相片，鑑別率（resolving power，俗稱解析度）由 100 公尺到 3 公里不等。其中 1,500 張被用來組成一個直徑 1.33 公尺的火星球，這是人類第一個除了地球以外的行星儀。相片中心為火星北極，呈心鎖狀，四周為規模宏大的沙漠區（圖 4-8）。

◀ 圖 4-8　人類第一個除了地球以外的行星儀。(Credit: NASA)

　　「水手九號」後，因為自然河道的發現，火星上生命存在的可能性大增，於是，美國積極發展「維京人號」(Viking)，準備登陸火星，尋找生命。

---

❸ 有人將 Valles Marineris 譯為「水手谷」，不對。應譯為「水手號谷」。

05

「維京人號」登陸

✦ 火星有沒有生命

　　人類從未放棄對火星有生命存在的幻想。「水手四號」回傳資料帶來的陰霾前景至「水手九號」時徹底煙消雲散，我們對火星的戀情再上一層樓。

　　從地球遙測火星生命的存在，方法極為有限。最直截了當的證據應是看見火星人在望遠鏡裡向我們招手。羅威爾窮畢生之力試過，沒有成功。第二種證據是火星人打無線電話來，我們有把握說，其可能性也為零。以地球 45 億年生物演化的經驗，微生物製造出大量自由氧氣和甲烷，用光譜分析可遙測其存在。所以第三種間接證據是火星的大氣成分，若有自由氧氣和甲烷等生命氣體，至少我們可以推測有生命存在的可能性。但到「水手九號」為止，火星 99%的大氣為二氧化碳，連氮氣都沒有，了無生機。

　　剩下的一個方法，就是登陸火星，直接去尋找生命。

✦ 冒　險

　　登陸火星最大的未知數是地表結構。從軌道上取得的照片，鑑別率僅達一個足球場的大小，而登陸小艇要安全著陸，降落場地的岩塊不得高於 25 公分，否則登陸小艇腳碰不到地；坡度不能大於 30 度，否則有翻車危險；又不能落在流沙上，那會被吞噬。當然，登陸地點要符合生命存在的可能條件，譬如接近自然河道，地勢低窪，大氣壓略高，有液態水存在的可能；降落地又不能硬得挖不動，無法獲取土壤樣品；緯度不能太高，否則夜裡溫度太低，對科學儀器不利。

　　雖然登陸小艇可由在軌道的衛星轉接通訊，但最好從地球能看到降落地點，必要時可直接聯絡。而且，從地球又可先做雷達波掃描測量，來測定地表的平坦度。這好比用橡皮球來估計地板的光滑度：地板愈平，球反彈愈高。一般用的雷達波長為 13 公分，鑑別率是波長的 10 倍，約 1.5 公尺。電磁波來回旅程數億公里，即使反射波很強，我們也只能說岩塊或平坦度近乎 1 公尺多，離 25 公分鑑別率的要求，還差上一大截。

　　所以，在登陸前不管有多少張現場高空偵測照片、多少次從地球雷達測量，我們頂多只能對兩個降落場地比較優劣，但對安全登陸的估計，則完全沒有把握。登陸火星是件冒險的事，並且運氣占很大成分，是一個不能不接受的現實。

✦ 三個生物實驗室

　　「維京人號」有一號、二號，每號由一個軌道衛星 (Orbiter) 和一艘登陸小艇組成。每套衛星，在與登陸小艇分離前，負責尋找安全登陸地點。登陸小艇降落後，負責勘察登陸地點的地質和地理形勢，為未來科學數據分析做準備。軌道衛星在軌道上繞火星轉，可充當地球和登陸小艇間的通訊轉接站，又可對地表進行地毯式照相。每套登陸小艇和軌道衛星合作無間，相依為命。

　　登陸小艇的主力科學設備是三個獨立生物實驗室、一臺氣相層析儀❶、一臺大氣分析儀。在登陸小艇上還有照相機、氣象儀、地震儀、地磁儀、大氣水氣儀、紅外線溫度器等。

---

❶ 氣相層析儀 (gas chromatograph) 將混合在一起的氣體分子，注入一支長數公尺的高溫細管中，細管內預先有氦、氫等惰性氣體以一定的速度流動。混合氣體中的各類分子因大小、重量不同，跟著惰性氣體流動幾公尺後，不同分子流速不同，就被分離出來。儀器可以偵測到 10^{-12} 克的氣體分子。

　　「維京人一號」(Viking 1) 及「維京人二號」(Viking 2) 的登陸小艇各在不同地點降落，加上兩個軌道衛星，共 4 大件，同時操作，是一項複雜的科技管理工程。

　　生物實驗室是「維京人一號」及「維京人二號」的靈魂，是 20 世紀 70 年代人類最先進和昂貴的大科學計畫。其最大難題是人類對火星生命模式完全無知，但要設計一個全自動實驗室，在幾億公里外，來判斷火星生命是否存在。作者認為這是文明發展史上少有的幾次嘗試，雖然人類智慧發揮到極限，仍有嚴重貧血現象。

　　在「維京人號」出發前夕，生物學家認為，火星如果有生命，也應像地球生命起源一樣，由微細胞開始，其體積必小如細菌 (bacteria)，並且稀少、難找。碳是宇宙間存量豐富的元素，為四價，可與多種其他元素結合成高度複雜的分子，攜帶大量生命所需的基因，與水的化學作用輕巧靈活。所以生物學家又假設，火星生命也應和地球一樣，以碳化學為基礎。

　　生物為了生存，最基本的活動就是「攝食」和「排泄」。以地球綠色細胞為例，「攝食」二氧化碳，使用太陽能進行光合作用，「排泄」氧氣和水分。高等動物的食物種類更複雜，排泄物更是五花八門。

　　火星生物實驗就是以「攝食」和「排泄」這兩種本能活動為核心來設計的。

　　火星生物吃什麼呢？我們能想像到的是二氧化碳和豐富的紫外線能源。所以第一個火星生物實驗應是把火星土壤暴露在 600 帕至 700 帕的二氧化碳氣體中，照上火星表面紫外線強度能源，測量二氧化碳被消化的過程。為了正確估計二氧化碳的消耗量，二氧化碳

氣體是由地球供應的，所有碳原子皆為放射性碳 14。假設火星土壤中有生物，火星生物吃進碳 14，幾天過後，實驗自動把所有沒用完的剩餘氣體清除掉，然後把火星生物存在的土壤在密封下加熱到攝氏 625 度，火星生物死亡，有機分子分解，可再次測量到放射性碳 14 的存在。如果火星土壤中沒有微生物，放射性碳 14 不會被吸收，加熱分解後不會有放射性碳 14 出現。所以，這應是一個具有說服力的實驗。

但人類的思維終究逃脫不掉「大地球沙文主義」的包袱。我們總認為火星生物生活環境惡劣，渴望地球來拯救它們。地球細菌喜愛的營養液等，火星生物也會喜歡。所以第二個火星生物實驗就完全比照地球上以營養液（雞湯）培養細菌的方式進行，來觀察它們的排泄物，諸如氫、氧、氮、二氧化碳、甲烷等。所有的碳原子皆為地球供應的放射性碳 14，以資鑑別。如果火星土壤中有細菌，與地球的營養液接觸後，我們希望它們不但不會被淹死，反而能進行活躍的生命活動，排泄出各類生命氣體，包括含碳 14 的二氧化碳、甲烷等。所以測量到這類氣體，就是火星生命存在的信號。

擔心火星細菌可能幾十億年來吃「素」，地球的「高湯」可能太「補」，火星細菌無福消受。於是，第三個火星生物實驗用的是我們認為介於地球和火星之間比較稀釋的「營養液」，種類繁多，品味各異，希望火星細菌喜愛食用，然後打飽嗝，排泄出我們翹首以待的生命氣體，包括含碳 14 的二氧化碳、甲烷等。

為了絕對保證生物實驗的可靠性，整艘登陸小艇，包括所有電子儀器，得在攝氏 125 度的高溫下消毒 50 小時，把地球細菌全殺死。在 70 年代，這是一項重大的科技挑戰。

這三個精緻的生物實驗室，在 1970 年初的估價是 1,800 萬美元。在 1975 年 4 月交貨時，已達 6,000 萬美元。整個「維京人號」的設計，牽涉到各類龐大的科技團體。「維京人號」是集體創作的產品，總造價近 10 億美元，像隻多功能的駱駝。

✦ 啟　程

　　1975 年 8 月 20 日，「維京人一號」出發，9 月 9 日，「維京人二號」跟進，進入霍曼太陽轉移軌道後，以織女星 (Vega) 和太陽為座標，修正航道。一路有驚無險，「維京人一號」於 1976 年 6 月 19 日進入火星軌道，準備登陸。

　　1976 年 7 月 4 日是美國建國 200 周年，美國航太總署渴望能在 7 月 4 日登陸。「維京人一號」的第一降落地點，以「水手九號」的照片為基礎，在出發前已決定下來。但「維京人一號」進入火星軌道後，6 月 22 日傳回的第一張照片顯示，第一降落地點布滿隕石坑，有各類的河道系統，高低不平，作為降落地點具有一定的風險，這些細節從「水手九號」的照片無法得知。「維京人一號」照相時，火星大氣透亮，沒有沙塵飄浮，清晰度遠遠超過以前的任何照片。第一降落地點雖是理想的尋找生命之地，但能安全降落嗎？

　　「維京人一號」降落的第一要求是安全。「維京人一號」首次安全著陸後，「維京人二號」才可更冒險的登陸科學內涵豐富之地。

　　「維京人一號」第一降落地點被迫取消，7 月 4 日登陸的夢想破滅，但這是一個明智的決定：寧願遲些，也不要日後懷悔。

　　尋找候補降落地點有兩個策略，一個是在同緯度尋找，但火星幅員廣大，滿天撒網，曠日費時，不如沿第一降落地點向西北河道下游方向摸索前進，或許地勢會變平坦些。另一個考慮因素是「維京人二號」預定在 8 月 7 日進入火星軌道，「維京人一號」必須在那天之前登陸，否則就得在軌道上等待「維京人二號」先降落，這是因為限於人力和設備資源，航太總署無法同時進行兩項降落操作。

　　此外，還有一個時間因素：11 月火星與地球呈「合」的位置，火星轉到太陽的背後，與地球電訊中斷，如果「合」之前還不能完成降落程序，又得把「維京人一號」留在軌道一個多月。雖然安全上沒有問題，但正式任務遲遲不能開始，也確實令人焦急。

　　最後的結論是，不管將照片看得多仔細，雷達掃描再用心，還是無法完全保證降落百分之百安全。登陸火星本是件冒險的事。最後選定的降落點位置在第一降落地點西北方，金色平原 (Chryse Planitia) 的西北邊緣，北緯 22.5 度，西經 47.5 度，登陸日期定為 7 月 20 日。

✦ 登　陸

　　1976 年 7 月 20 日美國太平洋時間的凌晨，地球向遠在 3.4 億公里外的「維京人一號」發出 "GVUGNG" 六個字指令，開始登陸序列。36 分鐘後，「維京人一號」回話，指令已開始遵命執行。

　　電磁波以光速傳播，需 18 分鐘走完 3.4 億公里的路程。當地球得知登陸指令已被忠實執行時，「維京人一號」已完成前 18 分鐘的動作。因為這個巨大時空差距的鴻溝，地球發出 "GVUGNG"

後，「維京人一號」依預先儲存的電腦程式，開始全自動化登陸動作。儲存的電腦程式有一定的智慧，可應付、解決各類緊急事件。整個登陸過程，地球只是觀眾，得到的進度報告都是過去 18 分鐘前發生的歷史事件。

工程數據由每秒 4,000 位元轉換成每秒 16,000 位元的開關，在登陸小艇的腳下，當登陸小艇的三隻腳堅實地落在火星表面時，工程數據即刻由每秒 4K 變成 16K，並同時切斷登陸用的反射火箭。所以當螢幕顯現 16K 字眼時，是登陸成功的證據。

為避免混淆，以下所用的時間皆為美國西海岸太平洋火星信號接收時間 (Earth receiving time, ERT)。

1：51：15 AM：「維京人一號」登陸小艇與軌道衛星在 5,000 公里高空分離成功，噴射推進實驗室控制室傳出第一次歡呼聲。分離後，軌道衛星繼續沿著既定軌道向前滑行。

1：58：16 AM：登陸小艇反射火箭點火，開始以預計軌跡向火星大氣墜落。

2：20：32 AM：反射火箭在預定時間熄火，開始一個長達 2.5 小時向火星大氣層墜落的滑行。火星有效大氣層在約 30 公里高空處開始，登陸小艇切角為淺淺的 16 度，以盡量利用火星稀薄的大氣阻力，達到剎車減速的目的。美國東部媒體截稿時間已到，《芝加哥論壇報》(*Chicago Tribune*) 擬定次日的頭條新聞：「維京人號失敗」(Viking Failure)。該報在 1948 年總統大選時，也登過錯誤的頭條「杜威擊敗杜魯門」(DEWEY DEFEATS TRUMAN)。

5：03：08 AM：登陸小艇正式進入火星大氣，大氣成分測量開始。熱殼 (heat shell) 在火星大氣摩擦減速的熊熊烈火中發揮保護

作用。控制室和記者室一片肅靜，屏息緊盯著由 3.4 億公里外，以每秒 4K 位元傳回的數據。登陸小艇此時可能已登陸成功，也可能早已墜毀。

5：10：06 AM：登陸小艇離地面 6,458 公尺，減速降落傘由一根 40 公分的炮管射出，繼續減速。熱殼在 6,000 公尺與登陸小艇分離，然後登陸小艇的三隻腳張開，此時登陸小艇時速約 160 公里。

5：11：09 AM：減速降落傘帶著保護殼在 1,600 公尺高度與登陸小艇分離，登陸小艇的反射火箭點火。

5：12：07 AM：工程數據由每秒 4K 變成 16K，控制室裡的工作人員喜極而泣，記者室爆出狂歡的喝彩聲音。

圖 5–1 繪出了這段緊張刺激的登陸示意圖。圖 5–2 展現了藝術家想像中著陸前剎那間的景象：登陸小艇的三個登陸火箭狂噴剎車，地表灰塵飛揚，左上角天空中，完成任務後被拋棄的保護殼，仍在乘減速降落傘徐徐落下。

▲ 圖 5–1 「維京人號」登陸示意圖。(Credit: NASA)

▲ 圖 5-2　藝術家想像中「維京人號」著陸前剎那間的景象。(Credit: NASA)

　　「維京人一號」落地後，第一件急事就是要看看腳底下的地，原因是火星幾億年來塵暴不停，可能把岩塊完全風化成細沙或流沙，有把登陸小艇吞掉的危險，要趕快確定「維京人一號」是否真的站穩了腳步？這幀人類第一張在火星地表的照片（圖 5-3），編號為 76-H-554，雖然原版不像「水手四號」的第 11 張照片那麼難找，作者還是花了一些時間，把它從航太總署的資料室翻出來。

　　這張照片中央部分距第二號相機約 1.4 公尺，中間偏左上方呈菱形狀的岩塊約 10 公分大小，岩塊表面布滿了小細洞，很可能由揮發的氣泡形成，間接推斷是從火山熔岩凝固而來。左上角岩石可清晰看見兩條相交的裂痕。地面上有一層灰塵和各種大小的石塊、沙礫。右下角登陸小艇的二號腳墊下泥土結構堅實，沒有下陷的危險。腳墊槽中堆積了些沙礫，肯定是由反射火箭激起的沙塵而來。太陽由右邊射入，降落架支柱的陰影輪廓清晰，二號腳墊陰影中的

小石塊也看得見，這可能是因為火星大氣中的微塵把光散射到陰影部位所致，是地球上難得一見的物理現象。

▲ 圖 5–3 「維京人一號」為人類在火星地表照的第一張相片，編號為 76-H-554。(Credit: NASA)

「維京人一號」的確是四平八穩停泊好了，人類終於在火星上建立起第一個灘頭陣地！

「維京人二號」9 月 3 日降落在烏托邦平原 (Utopia Planitia) 北面（北緯 47.9 度，西經 225.9 度），距「維京人一號」有 7,200 公里之遙。在這個緯度上的降落場地，由地球發出的雷達波反射不回來，所以這個登陸地點全得由高空的照片來決定。但因為「維京人一號」已安全著陸，「維京人二號」可以冒大一點的險，選擇科學內涵環境豐富之地降落。

「維京人二號」登陸程序開始後，軌道衛星與登陸小艇分離，軌道衛星開始飄逸失控，高靈敏度、高方向性通訊天線做大幅度晃動，與地球通訊時斷時續。航太總署的工程師遠在 3.4 億公里外的天涯，急得全身冒汗。幸好電腦迅速發揮智慧，先啟用全方向性、低靈敏度通訊天線，穩住與地球的通訊品質，再關掉主要電子系統，以後備電子系統代替。

10 分鐘後，情況仍無改善，證實不是電子系統問題，電腦於是決定開動後備姿態控制陀螺儀，情況迅速好轉，終於化險為夷，但已造成衛星軌道不正確，經大幅度修正後，才恢復正常運作。

　　「維京人二號」降落地點低窪，比「維京人一號」接近水源，是尋找生命更理想的場所。

　　「維京人二號」的第一張照片（圖 5-4）也是往二號腳墊處看，與「維京人一號」結果大同小異，但岩塊上的凹洞明顯，更像是由氣泡吹出來的。

▲ 圖 5-4　「維京人二號」的第一張照片也是往二號腳墊處看。(Credit: NASA)

火星大氣含氮！

　　由「水手九號」之前的資料推斷，火星大氣成分為 99% 二氧化碳，沒有氮氣。火星與地球在形成初期時，應該極為類似。但地球至今氮氣仍然豐富，而在火星卻測不到氮，箇中原因可能很多，包括火星脫離速度僅為每秒 5 公里，比地球的每秒 11.2 公里低了許多。一般氮分子速度可達每秒 6.3 公里，容易逃逸火星，但脫離不了地球，幾十億年下來，火星氮氣逐漸流失，是合理的現象。但是火星一點氮氣都沒有，也實在令人費解。

　　「維京人一號」登陸小艇在穿過火星大氣層時，首次取樣測量，結果發現火星其實仍含有 2.7％的氮氣，其他成分是 95.32％的二氧化碳、1.6％氬、0.13％氧、0.07％一氧化碳、0.03％水氣和其餘少量惰性氣體。

　　火星大氣含 2.7％氮氣的數據，結束了一個世紀的辯論，也徹底瓦解了火星無氮氣就不可能有生命的論點。火星上紫外線強烈，2.7％的氮足夠與其他碳、氧、水氣等結合，形成豐富的「氮肥雨」，散播到火星各地。「維京人一號」探測過後，氮就不再成為限制火星生命發展的障礙了。

　　「維京人一號」也測量到火星有極微弱的磁場，是地球的萬分之一。磁場由地殼中產生，不像地球是由外地核中巨大流動的鐵漿形成。火星即使有核心鐵漿，也可能是凝固的，並且很小。

　　「維京人一號」登陸後，第一天傳回氣象報告：下午微風由東轉午夜西南，最高風速每小時 24 公里，黎明時的溫度為攝氏零下 85 度，晝間回升至攝氏零下 30 度，氣壓 770 帕，穩定。

　　「維京人一號」的地震儀發生故障，「維京人二號」地震儀工作正常，測到火星有兩次地震，一次規模 6，震央在 7,200 公里外，一次規模 2，震央在 200 公里外。因「維京人一號」地震儀故障，無法與「維京人二號」聯網決定震央確切位置。

　　兩個「維京人號」分別在距離 7,200 公里之遙的兩地，採集土壤樣品，進行生物實驗（圖 5-5）。兩種營養液實驗，都顯示有大量氣體釋放出來，是生物存在的反應。二氧化碳和紫外線實驗，土壤加熱後，收集到大量碳 14 原子，依照原設計解釋，也應是細菌存在的跡象。這些初步結果，令科學家興奮了好幾天。為了慎重起

見，科學家要確定火星有有機物質的存在。雖然有機物質的存在不一定表示生命的存在，但生命一定得與有機物質共存。

▲ 圖 5-5　「維京人一號」正面地表景象。右下角留下土壤樣品收集後的痕跡，深 30 公分。最左邊為核能發電機，蓋子邊緣覆有一層細沙。(Credit: NASA)

有機物質的存在與否，可由氣相層析儀來決定。但氣相層析儀左量右測，就是找不到有機物質。

火星上偵測不到有機物質是一件令人震驚的發現。宇宙星塵中充滿了胺基酸分子，這些有機分子乘坐隕石列車，降落在每個行星表面。以地球的經驗來說，它們甚至可能是生命的源頭。但火星上沒有有機物質！

科學家再回頭仔細研究三項生物實驗的反應，發現火星土壤長年經強烈紫外線照射，土壤中可能含有飽和的超氧化合物 (superoxide)，與營養液一接觸，發生強烈的化學反應，釋放出大量氧等氣體。乾冷的土壤與二氧化碳氣體和紫外線實驗所得到的奇怪結果，也可能與火星的超氧化合物有關。但火星沒有有機物質的旁

證，足以使科學家三思而行，宣布「維京人號」在火星上沒有搜集到證明生命存在的證據。美國國家科學院也聲明：「維京人號」的生物實驗，降低了火星生命存在的可能性。

✦ 天然殺菌室

火星於 1976 年 11 月 8 日進入「合」的位置，科學家由地球發射出去火星的雙程電磁波，通過太陽巨大重力場邊緣，由火星反射回來，進行一項「時間延遲效應」的相對論實驗，再次證明愛因斯坦理論中彎曲的四維空間，增長了電磁波雙程傳播的時間約 0.00025 秒，等於從火星到地球的牛頓直線距離增加了 37.2 公里。該數據證實了電磁波在重力場中走的是四維時空的「捷線」❷，不是三維空間兩點間的直線。

當火星由太陽背後再出現時，已是 35 天後的事了。

「維京人號」在火星沒找到生命，使人類理解到火星地表目前沒有生命的原因：火星乾燥無水，加上強烈的紫外線照射，形成高度氧化的地表。有機物中的碳原子與化學親和力強大的超氧化合物接觸，即刻形成二氧化碳之類的無機物逃離地表，進入大氣。火星地表目前是被強烈的紫外線消毒得清潔溜溜，不但生命無法生存，連有機物質都不可能形成存在！

以目前火星到處可見自然河道的地表來看，火星在三、四十億年前應有可觀的大氣層，可過濾紫外線，並以溫室效應和地熱來維持較高的地表溫度。地球的無核單細胞生命，在地球形成後十億年就已經存在。在火星那種自然環境下，生命也可能起源。

---

❷ 「捷線」一詞，請參閱李傑信 (2019)，《宇宙的顫抖》（二版），臺大出版社，p.109

　　如果火星目前有生命，它必定深藏地下，與強烈紫外線隔離，生活在地下水源附近。火星的水源將帶領人類尋得火星的生命。

　　從另一個角度看，火星在近幾十億年中失去了大氣層，生命環境轉為極端惡劣，火星的生命也可能早已灰飛煙滅。如果是這樣，人類尋找火星生命的重點，就應該放在幾億年甚至幾十億年前的化石生命遺跡上。

　　兩艘「維京人號」登陸小艇用的是核能發電，一號登陸小艇工作了 6 年，二號登陸小艇工作了 4 年，實地搜集了大量火星數據。一號的軌道衛星工作了 4 年，二號的軌道衛星則工作了 9 年，共攝得 5 萬多張高鑑別率的照片。「維京人號」雖然都已經鞠躬盡瘁，但已然建立起現代人類火星知識的寶庫。

06

火星風貌

✦ 理論貧乏，數據豐富

「水手四號」打開了現代人類火星探測的時代，火星不再是霧中花。「水手四號」觀測了火星 1% 的地表，共取得 22 張清晰度中下等品質的照片。火星表面如月球，到處是隕石坑，顯現出一片冷、乾、死寂的世界，想看到運河和綠色地表的人們失望了。

「水手六號」、「水手七號」觀測了 19% 的火星地表，共取得 201 張照片，鑑別率達 300 公尺，確認了「水手四號」的觀測，又看到兩類新的地形。一類連綿千里，表面光滑，似乎歷經長期風化侵蝕或火山熔岩覆蓋；另一類可被稱為「混亂地形」，與地球大規模山崩後的遺跡相似。這類地形極可能是因地表下的水冰融化後塌方而成。至此，水與冰開始與火星掛鉤。

「水手九號」是人類第一顆進入地球外別的行星軌道的人造衛星，它觀測了火星 100% 的地表，共攝得 7,329 張照片，發現了 4 座巨大的火山口，其中奧林帕斯山為太陽系第一峰，可容納 3 座聖母峰。它又看到了規模大於美國亞利桑那州「大峽谷」10 倍的水手號谷，以及上百條乾涸的自然河道。這些河道，似乎在向人類訴說火星被遺忘的過去和那姿彩豐富的水文歷史。這些發現，重新激起了人類尋找火星生命的萬丈豪情。

兩艘「維京人號」帶著人類殷切的期望，成功地在火星登陸，展開了尋找生命的使命。雖然「維京人號」沒有找到火星生命，也沒偵測到有機物質的存在，使地球的人失望了好一陣子。但是，它的確為我們完成了一次無比成功的探測任務。它給了人類第一次穿透火星大氣的機會，實地測量到火星大氣其實含了 2.7% 的氮，足夠生命起源和發展所需。「維京人號」的兩顆軌道衛星，先期勘測

登陸地點地形，鑑定登陸安全係數。「維京人號」登陸後，兩顆軌道衛星供應了降落地點清晰的宏觀照片，使「維京人號」在火星地表所做的各類實驗的數據分析，能夠與實際的地質、地理環境相結合。這兩顆衛星的軌道，因受到火星兩個衛星，即火衛一、火衛二的影響，從而可計算出這兩個火星衛星的密度。這裡有幾個有趣的小故事，作者在第七章「火星的月亮」再談。

　　軌道衛星又可作為「維京人號」與地球通訊的中繼站。這兩顆軌道衛星和兩艘登陸小艇，共取得 5 萬多張照片，構成了目前火星地表資料庫的主體，使我們對火星的瞭解更加深刻，但同時卻又發現了很多無法解釋的現象，給人類太空時代「新」的火星知識蒙上了一層濃厚的神祕色彩。誠如卡爾‧薩根 (Carl Sagan, 1934～1996) 所說，目前人類對火星的知識，已由「數據貧乏，理論豐富」轉型到「理論貧乏，數據豐富」的時代。

✦ 前仆後繼

　　1988 年 7 月，前蘇聯先後送出兩艘火衛一（佛勃斯）探測儀，「佛勃斯一號」在路上失蹤，「佛勃斯二號」進入火星軌道，成功地搜集到火星地表的光譜和一些與溫度有關的數據，並取得 40 餘張火衛一的照片，但在企圖接近火衛一時，失去聯絡。

　　「維京人號」後，美國集中精力發展太空梭和國際太空站，一直到 1992 年才送出造價 10 億美元的「火星觀測者號」(Mars Observer, MO)，但不幸在抵達火星前失蹤。

　　1996 年美國發射「火星全球勘測衛星」(Mars Global Surveyor, MGS)，是美國航太總署「快、好、省」新策略的開路先鋒，成功

進入軌道，送回許多鑑別率高達 6 公尺的照片，比「維京人號」衛星照片品質又提高了數倍。

美國「火星探路者號」(Mars Pathfinder, MPF) 在 1996 年 12 月 4 日發射，於 1997 年 7 月 4 日登陸成功。它降落的地點離「維京人一號」不遠，取得了大量火星岩石成分與種類的數據，是繼「火星全球勘測衛星」後，又一個「快、好、省」新策略成功耀眼的例子，作者在第十章「往返火星」再談。

1999 年美國「火星極地登陸者號」系列全軍覆沒。為了徹底執行「快、好、省」的輕裝急行軍策略，「火星極地登陸者號」在穿過火星大氣層的登陸過程中，沒有安裝通訊設備。失蹤後，連「驗屍報告」都沒有，比 23 年前的「維京人號」還不如！稍前，美國的「火星氣象衛星」因公制和英制的轉換疏忽，發生嚴重人為錯誤，導致太空船在進入火星軌道時，墜入大氣焚毀。

到 1999 年底，人類前後共送出 30 艘太空船去火星，其中俄羅斯（包括前蘇聯）16 次，沒有一次可稱為「成功」的。其中部分成功的幾次，作者把它們加起來，算它夠上兩次。但俄羅斯屢敗屢戰，其志可嘉。美國送出 13 次，8 次成功，登陸 3 次。日本於 1998 年送出「希望號」(Nozomi) 火星衛星，無奈在地球重力助推加速過程中，火箭燃料閥門受損，燃料洩損嚴重，雖然啟動了後備緊急方案，最終還是無法追上火星，任務於 2003 年 12 月 31 日以失敗告終。

且看，在千禧年開始之際，人類對火星知多少？

✦ 天　文

　　太陽系共有四大顆石質行星，火星是距太陽最遠的石質行星。火星之外，是小行星帶，再向外走，除應為「矮行星」等級的冥王星，其餘的木星、土星、天王星、海王星皆為巨無霸的氣體行星。木星強大的引力很可能掠奪及逼走了火星軌道上部分原始材料，使它先天營養不良，長成一個小矮個兒，有個厚厚的地殼，核心可能有個已凝固的小鐵球，磁場微弱僅及地球的萬分之一。

　　所有外部跡象顯示，火星沒有板塊運動。火星直徑僅地球的53%，6,780 公里。兩極扁平赤道鼓起，和地球相似。火星的重力場為地球的 38%，平均脫離速度為每秒 5.027 公里，低於包括氮氣在內的氣體分子速度，幾十億年下來，氣體分子逐漸逃逸，小矮個兒火星無法保住自己的大氣層，只得逆來順受地承納強烈的太陽紫外線與各類宇宙射線 (cosmic rays) 凌辱，窮途潦倒地過著悲慘的日子。

　　克卜勒以火星證實了所有行星繞日軌道均為橢圓形。火星的離心率為 0.09341，軌道平面與地球繞日軌道平面夾角為 1.85 度。軌道近日點為 206.5 百萬公里，遠日點為 249.1 百萬公里，平均距日為 1.524 天文單位，日照強度為地球的 43%。假設火星和地球吸收陽光率皆為 75%，在沒有大氣層的溫室效應下，則火星的平均溫度應為攝氏零下 65 度。地球的平均溫度是攝氏零下 15 度，比火星高出攝氏 50 度。

　　火星每 24 小時 37 分 22.7 秒自轉一周，定為一火星日 (Sol)，比地球一天 (day) 長約 37.5 分鐘。火星每 686.98 地球天，或 669.6 火星日繞日一周。火星與地球每 778.94 地球天「衝」一次，「衝」之前的 100 天，是由地球向火星發射太空船的發射窗口。

火星自轉軸與軌道呈 25.2 度夾角，與地球的 23.5 度相當接近。和地球一樣，自轉軸的傾角意味著陽光照射火星地表的角度，隨火星在太陽軌道上的位置而變，造成火星四季分明。近日點為南極夏天（北極冬天，共 158 天），熱而短；遠日點為南極冬天（北極夏天，共 183 天），冷而長。

　　火星有兩個小衛星：火衛一和火衛二。火衛一平均直徑 27 公里，距火星 9,378 公里，每 7 小時 39 分鐘繞火星一周；火衛二平均直徑 15 公里，距火星 23,459 公里，每 30 小時 18 分鐘繞火星一周。兩個衛星質量太小，不像我們的月球，有穩定地球自轉軸的功能。據估計，火星自轉軸每 50 萬年會發生近 60 度的變化，造成火星地表溫度劇烈變化，以地球的眼光來看，不利於生命的起源和演化。

　　火星沒有海洋，只有陸地，總面積相當於地球陸地總面積的 97.6%，以「幅員廣大」來形容火星，並不為過。

✦ 大　氣

　　火星大氣給人類的第一個印象是稀薄，在 600 帕至 1,000 帕之間，不及地球的 1%，相當於地球 3 萬公尺高空的氣壓。3 萬公尺是地球越洋民航機飛行高度的 3 倍。如果人類在這麼低的氣壓下生活，得穿上壓力衣，以防止血液沸騰。第二章提到過，在這種氣壓下，固態冰直接揮發成水氣，不經過我們熟悉的冰→水→水蒸氣轉變（相變）過程。

　　液態水在火星表面無法存在，在壓力高些的深谷或地下或許可能出現。

　　火星地表平均溫度，由南北極的攝氏零下 150 度到赤道的攝氏 15 度，全球終年可以說是在酷寒狀態。火星上的水氣雖然少，但極接近飽和，和人類的皮膚接觸，仍然會有潮溼的感覺，如果全變成水，僅可覆蓋火星地表達頭髮厚度的 $\frac{1}{10}$，即 $\frac{1}{100,000}$ 公尺。有時水氣形成大規模的雲層，從地面望遠鏡即看得到。雲層最常集結在塔西斯高地一帶，使 4 個火山口若隱若現。有時螺旋狀雲會出現在北半球高緯度地段。夜間，水氣凝結在水手號谷谷底或其他低窪地區，日出後，蒸發成一層薄霧。清晨，在「維京人號」目力所及處，岩石常被霜覆蓋。

　　第五章提到「維京人一號」發現火星的大氣含 95.32％二氧化碳、2.7％的氮氣、1.6％氬、0.13％氧、0.07％一氧化碳、0.03％水氣和其他一些惰性氣體。火星的大氣壓因南、北兩極二氧化碳季節性凝結、揮發的密切互動關係，變化甚劇。南半球夏季時，溫度升高，南極冰帽揮發，二氧化碳進入大氣，火星大氣壓增加。此時北半球為冬天，氣溫低，大氣中多出的二氧化碳就在北極凝結，擴大了北極冰帽面積。在北半球夏天時，程序相反，二氧化碳被處於冬天的南極回收，完成一個週期的循環。因南極冬季長，凝結在南極冰帽中的二氧化碳總量較多，可使火星大氣壓降低 25％。

　　南半球春夏之交時，火星南、北兩極二氧化碳進行大規模季節性的交換，形成一股強大的由南往北走向的氣流，加上南半球中緯地區的地表開始轉熱，熱氣上升，往赤道延伸，與北半球冷氣團遭遇，激起低空由西向東的氣流，連帶引發高空由東向西的噴射氣流，「維京人號」的氣象站經常記錄到這種以 3 天為週期的風暴。

地球的大氣層，在接近地表的 20 公里內為對流層 (troposphere)，溫度受地表的輻射和水氣—冰間轉化能量所控制。溫度由低空向高空方向逐漸降低，在對流層頂可達攝氏零下 50 度。對流層上面到離地 50 公里處為平流層 (stratosphere)，因臭氧吸收大量日光中的紫外線能量，溫度回升至攝氏零度，形成下冷上熱，所以又稱逆溫層 (inversion layer)，氣層下重上輕，猶如不倒翁，異常穩定，極少流動。

地球平流層上方到離地約 80 公里處為中氣層 (mesosphere)，由於二氧化碳吸收日光能的機制控制，溫度再次下降，至中氣層頂 (mesopause) 可低到攝氏零下 80 度。中氣層頂之外進入增溫層 (thermosphere)，逐漸進入太空，溫度由日光強烈的紫外線主宰，迅速回升。進入太空後，物體表面溫度全由日光節制：向陽面高溫，背陽面酷寒。

對比起來，火星大氣垂直溫度的結構與地球截然不同。火星大氣中不含臭氧，沒有下冷上熱穩如不倒翁的平流層，而火星大氣中灰塵含量卻高於地球千百倍，賦予了火星大氣特有的性質：灰塵滿天時，大氣溫度可上升攝氏 20～30 度。

天氣晴朗無塵時，火星地表 45 公里以內的大氣溫度，由土壤含熱量的大小調整，愈高愈冷。與地球不同，火星水氣太少，水氣—冰凝固、揮發時熱量的增減，對大氣溫度的變化貢獻極微。離地 45～110 公里之間，大氣溫度仍繼續下降，但控制溫度的機制，轉由二氧化碳吸收陽光輻射的能力掌握。110 公里以外，和地球一樣，強烈的紫外線使大氣的溫度回升。由 125 公里的外氣層

(exosphere) 開始，各類火星大氣分子以擴散方式❶，在火星重力場控制下，進入各種軌道，尋找契機脫離火星。

　　火星重力場是地球的 38%，脫離速度約為每秒 5 公里，與地球的每秒 11 公里比較，慢了一截。氫、氮、氦、氖、水氣等氣體，因強烈紫外線的照射，速度超過每秒 5 公里，造成這些可被地球重力場套牢的氣體分子，能輕易逃離火星的重力陷阱。火星剛形成時，大氣成分可能和地球雷同，但幾十億年下來，小矮個兒火星保不住自己的大氣，氫、氮、氦、氖、水氣等紛紛逸出，一去不返，火星大氣壓因而漸減，淪落到今天慘不忍睹的局面。氣壓低，則大氣吸熱和存熱能力低，天寒地凍，液態水消失，強烈紫外線長驅直入，把地表消毒得清潔溜溜，連有機分子都被分解殆盡。

　　即使數十億年以前，火星曾有過生命，至今恐早已灰飛煙滅，或變成化石，或深藏地下，不再露面了。

✨ 火星 DNA

　　一般穩定的原子核由特定數目的質子與中子組成❷。通常一種原子有兩種以上穩定的同位素，如氫（hydrogen，H，一個質子）與氘（deuterium，D，一個質子加一個中子），皆為氫的穩定同位素，但氘比氫重。以此類推，氮有氮 14 (^{14}N)、氮 15 (^{15}N) 兩種穩

---

❶ 在極低壓時，氣體分子稀少，分子之間距離很大，不互相碰撞，分子可沿重力場彈道軌跡運行，以熱力學術語形容，謂氣體「擴散」(diffusion)。

❷ 自從 6 種夸克 (quark) 被發現後，質子與中子被稱為重子 (baryon)，由夸克組成，如質子由兩個上夸克 (up quark) 和一個下夸克 (down quark) 組成。上夸克帶 2/3 正基本電荷；下夸克帶 1/3 負基本電荷，使質子帶 1 基本電荷。中子由一個上夸克、兩個下夸克組成，總帶電量為 0。其他 4 種夸克分別為：魅數（charm，2/3 正基本電荷）、奇異（strange，1/3 負基本電荷）、頂（top，2/3 正基本電荷）和底（bottom，1/3 負基本電荷）。

定同位素，氬有氬 36 (^{36}Ar)、氬 38 (^{38}Ar)、氬 40 (^{40}Ar) 三種，氙有氙 129 (^{129}Xe)、氙 132 (^{132}Xe) 等。

地球與火星可能由相同材料形成。45 億年前，它們大氣中擁有的各類同位素種數應雷同，而同種原子間同位素的比例也應差異不大。輕重不同的同種原子的同位素，在相同溫度下，速度各異：重者慢，輕者快，輕者逃走的要比重者多。但火星與地球的重力場不一樣，脫離速度火星低，地球高。地球重力場能鎖定的同位素，火星可能保不住。45 億年下來，同種同位素間的比例逐漸分道揚鑣，各侍其所在行星的重力場。

「維京人號」實地在火星上測量這些同位素的比例，其中一小部分結果列表如下，並與地球比較：

▼ 表 6-1　火星—地球同位素比例比較

同位素比例	火星	地球
^{14}N / ^{15}N	170	272
^{38}Ar / ^{40}Ar	0.00033	0.0034
^{129}Xe / ^{132}Xe	2.5	0.97
H / D	1,300	6,500

在地球，每 6,500 個氫原子配一個氘原子，火星把這個比例濃縮，變成 1,300：1。氫和氘是組成常態水 (H_2O) 和重水 (D_2O) 的成分。火星氘與氫的比例是地球的 5 倍，表示火星的氫相對氘分子的逃逸率比地球快。H/D 比例是火星水案件幕後的藏鏡人，作者在第八章「諾亞洪水」再敘。

雖然火星氮 14 對比氮 15 的逃逸率，只為地球的 1.6 倍，但絕對逃逸量肯定比地球高出許多，造成現今火星氮的總氣壓不及地球

的 0.03％。氫的同位素比例與地球差別更大，近 10 倍。氬的比例相差近 2.5 倍，但反過來：火星比地球留下更高比例的輕氬。原因是氬存在於火星大氣中，受各類輻射線的撞擊，可增加輕氬比例。由於箇中情況較為複雜，在此不予深究。

重要的概念是，行星間同位素比例顯著不同，是因行星間重力場各異，加上行星各自特殊的紫外線、物理、化學和地質環境，經過漫長歲月的琢磨而逐漸形成的。

這些不同同位素間的比例數值，恰如一個行星的指紋，或遺傳基因 DNA，做不得假。天文地質學家便使用這些鮮明的同位素比例值，來鑑定墜落在地球各類隕石的出生地。作者在第九章「生命從天上來」再加以說明。

✦ 塵　暴

從南極巨大冰帽逃逸出來的大量氣體，在日夜劇烈溫差的牽動下，經常引起大規模的塵暴，情況嚴重時，可覆蓋火星全球，掩遮一切地表，就如「水手九號」初臨火星時一樣，塵暴肆虐，地表深藏，一兩個月後才得平息。

當火星塵埃滿天時，大氣吸熱能力增加，可提高火星大氣溫度攝氏 20～30 度。揚起灰塵的總量，有 7 億多立方公尺，可覆蓋火星全球地表 $\frac{1}{10}$ 頭髮厚度。在地面望遠鏡觀測時代，常看到火星隔夜「山河變色」，都是因為塵暴攜帶大量灰塵所致。塵暴平息後，灰塵重新分布，大規模改變了地表顏色，面積有時可達半個美國大陸的大小。

塵暴的另一巨大功能，是對地表進行風蝕作用。「維京人號」登陸之時，科學家不但要憂慮高低不平的隕石坑，和經隕石撞擊而散落在各處的岩塊，還要憂慮火星亙古的風蝕作用，可能已把所有岩石揉成細沙，甚或流沙，可能會將登陸艇吞沒。

　　所以，當「維京人號」安全落地，發現腳下是堅實的土地，並還有許多大小不一的岩塊樣品留下時，對我們來說，是一個意外的驚喜。

　　「維京人一號」軌道衛星，在 1976 年為「維京人二號」登陸小艇尋找登陸地點時，在北半球攝得一張所謂「火星人面像」（Face on Mars，圖 6–1）。照片中央的人面約 1,500 公尺大小，太陽由左上方以 20 度角射入。其他各類散布的岩塊，都有明顯風化跡象。「火星人面像」可能就是由塵暴「雕塑」成的。

　　「火星人面像」公布後，引起「八卦族」密切關懷，認為是「火星人」的藝術作品，對美國航太總署不肯說「實話」公布「詳情」大表不滿，紛紛提出媒體控訴，熱鬧了好一陣子。

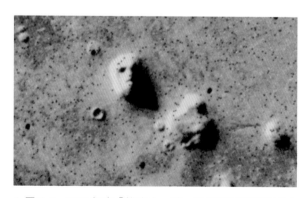

▲ 圖 6–1　1976 年由「維京人一號」軌道衛星攝得之「火星人面像」。(Credit: NASA)

「火星人面像」被媒體炒作
30 年後，美國航太總署在 2007
年，特別以新一代「火星勘測軌
道飛行器」(Mars Reconnaissance
Orbiter, MRO) 上的「高解析度
成像科學設備」(High Resolution
Imaging Science Experiment,
HiRISE)，取得一張解析度為 90

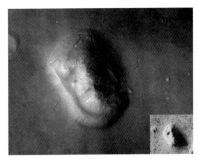

▲圖 6-2　美國航太總署在 2007 年 4
月 5 日取得一張高鑑別率「火星人
面像」。(Credit: NASA)

公分的高鑑別率照片（圖 6-2），秋毫畢露地呈現出「火星人面
像」的確是由塵暴「雕塑」而成的礫丘。美國航太總署耐心地等候
了 30 餘年的時間，認真處理了一般老百姓熱衷的火星八卦事件，
「火星人面像」至此完全謝幕。

　　火星塵暴的確產生了大規模的風化作用，造成了包圍在北極四
周的巨大沙漠和零星散布在各地的沙丘區 (sand dunes field)。比較
起來，北半球受風蝕情況較為嚴重，沙礫常將隕石坑埋住，形成平
坦的地表。南半球隕石坑滿布，銳利鮮明，似乎沒受到什麼塵暴的
蹂躪，間或，一些構造特殊的沙丘零散其間。

　　1999 年 5 月 5 日，「火星全球勘測衛星」在赫歇爾隕石坑
（Herschel Crater，南緯 15 度，西經 229 度）內東側，發現一類奇
怪的沙丘（圖 6-3）。沙丘中夾雜著一些深刻的紋路 (grooved)，紋
路中的沙子好像被強風吹走，沙丘表面猶如被膠水黏住，很像是水
滲透沙丘後整體被凝固造成的效果，但真實原因仍不清楚。

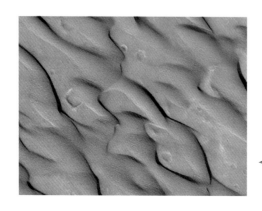

◀ 圖 6-3　火星塵暴產生了大規模的沙丘。(Credit: Malin Space Science Systems/NASA)

✦ 基準面

　　火星沒有海洋，沒有海平面，地勢起伏以人為規定的基準面 (Datum Surface) 為準。基準面是火星地表大氣壓為 610.7 帕的高度，在這個氣壓下，水的沸點為攝氏 0 度。火星高地，氣壓比基準面低；火星盆地、窪地，氣壓則比基準面高，概念上與地球以一大氣壓（1.013×10^5 帕）為海平面高度類似。

　　宏觀上，火星南半球地勢比基準面高，尤其在南緯 25～75 度之間，可高出基準面 2.5 公里至 6.5 公里不等；相反地，北半球地勢低窪，平均在基準面下 2 公里多，唯有連綿 4,000 公里的塔西斯高地高出基準面有 5 公里之多。

　　但沒人知道火星的南、北兩半球地勢差形成的原因。

　　塔西斯高地，包括西北方的奧林帕斯山，組成了太陽系第一火山群奇觀。發育不良的火星可謂卯足了勁，噴出了太陽系最偉大的火山，爭取到人類對它的尊敬和讚嘆。

　　從塔西斯高地往東南方望過去，在赤道南邊，有一條 4,500 公里長、寬 250 公里、深 8 公里的水手號谷。在地球上，美國大峽谷

長 450 公里、寬 25 公里、深 1.5 公里，可輕易裝入水手號谷支谷
裡。東非大裂谷，長可略比，但寬、深不及。從火星軌道上觀看，
水手號谷像是被刀子刮出一道深深的傷痕，中間寬，近圓形，兩邊
以錐形向東、西方向射出。小個兒火星，又創出另一個太陽系奇
觀。除搶眼的水手號谷和巨大的火山口外，圖 6-4 上還有一條由南
向北長達 4,000 多公里的凱西谷 (Kasei Valles)，構成塔西斯高地的東
緣，如地球的長江大河，清晰可見，是火星上最大的一條乾涸河道。

◀圖 6-4 火星赤
道南邊的水手號
谷。(Credit: NASA/
USGS)

　　雖然地質學家目前還搞不清楚塔西斯高地形成的原因，但水手
號谷可能是它闖出的禍。原因是造高地需要材料，從地下吸，會引
起在水手號谷處塌方。另一個理論認為，水手號谷是火星初期的板
塊運動撕出的裂谷，但火星比地球小很多，散熱快，內部熔融的地
函迅速凝固，板塊運動早已胎死腹中，未能繼續發展。

在多次去加州噴射推進實驗室出差期間，有一張奇特的水手號谷照片引起了作者極大的興趣。這是一張由東（南緯 12 度，西經 65 度）朝西向水手號谷中央（南緯 8 度，西經 75 度）望去，非常接近火星地表的俯瞰圖片（圖 6–5），谷壁結構清晰，支谷錯綜複雜，天地交接處，谷景開闊，氣勢磅礡。谷外地形平坦，隕石坑零星分布。這張照片有很多標題，作者最喜歡的是：「如身臨其境」(The next best thing to being there.)。

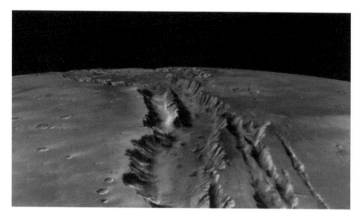

▲ 圖 6–5　由東朝西向水手號谷中央望去的俯瞰圖片。（Credit: NASA/JPL/ USGS/ 李佩芸）

　　作者託同事打聽，找到了這張照片的作者，是當今在噴射推進實驗室工作的李佩芸，加州理工學院電腦博士，是一位傑出的電腦模擬科技領導人才。她和她的工作小組成員使用「維京人號」原始高空照片，在電腦上轉換成低角度俯視，並增加谷深 5 倍，共用了 842 百萬位元組。這些成果被美國地質觀測所 (U.S. Geological Survey, USGS) 採納，製成低空飛越水手號谷的錄影帶，供大眾觀賞。

　　「火星全球勘測衛星」於 1998 年 1 月 1 日傍晚，在繞火星第
80 圈時，攝得一幅鑑別率高達 6 公尺的水手號谷中一個小谷脊照
片，涵蓋了 9.8 公里 ×17.3 公里的面積（圖 6-6）。照片中央為平
坦的小谷脊，最寬處近 6 公里，兩邊斜坡陡峻，呈束狀，向北（圖
上方）、南（圖下方）兩方向滑去。岩石結構多層次，由數公尺到
數十公尺不等。在地球上，這類地形可能由沉積而成，如亞利桑那
州的大峽谷，或由火山形成，如夏威夷考艾島 (Kauai) 上的威美亞
山谷 (Waimea Canyon)。這些層次分明、厚實的岩石結構，說明了
火星地質成因有著豐富和活躍的歷史背景。

　　若由水手號谷大膽朝南方高緯度方向邁出，最終會抵達南極。

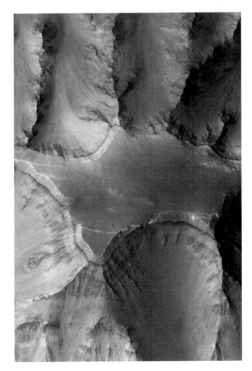

◀ 圖 6-6　水手號谷中一個高鑑
別率的小谷脊照片。(Credit:
NASA/USGS)

✨ 南北極

　　南極冬天冷而長（遠日點），造成南極二氧化碳冰帽在冬天時有足夠時間，延伸到南緯 45 度。南極夏天雖熱（近日點），使冰帽揮發，但時間短，冰帽並不能達到朝南極方向全面退縮為零的境地，留下的面積仍然清晰可見（圖 6-7）。

◀圖 6-7　火星南極冰帽在盛夏仍然清晰可見。相片上半部現出水手號谷和塔西斯高地的 4 個火山口。(Credit: NASA/JPL)

　　南極在冬天時，巨大的冰帽用地球的望遠鏡就能清楚看見（請見圖 2-8）。二、三百年前的天文學家卡西尼和赫歇爾，已經利用南極冰帽的位置與它週期性的興衰，決定了火星自轉軸的傾角和四季的存在。

　　地球季節的變化，對生物的生存演化，關係重大。大雁南飛、熊蛇冬眠，以本能抗寒。人類仰觀天象，發明曆法，春種秋收，貯糧過冬。所以，季節的存在加速了生物的演化和人類文明的發展。

　　發現火星季節的變化，曾給人們帶來火星有居民的幻想。這個夢目前是破滅了，但人類尋找火星生命的想法，仍然熱情如昔。

　　比較起來，北極的冬天短（南極夏天，近日點），溫度也較高，冰帽延伸的面積不如南極廣大。而北極的夏天長（南極冬天，遠日點），雖然溫度不如南極的夏天高，但有足夠時間使整個二氧化碳冰帽完全揮發，只剩下沸點較高的水冰。圖 6-8 是「維京人一號」軌道衛星在 1980 年火星北半球春、夏之交時拍到的一張照片。北極二氧化碳冰帽已近揮發殆盡，只剩下永不消失心鎖狀的水冰冰帽。在這張照片中，可再次看到規模宏大的水手號谷、塔西斯高地、4 個巨大的火山口與大片黑色的地表。

◀ 圖 6-8　春、夏之交時，北極呈心鎖狀的水冰冰帽。(Credit: NASA)

　　1997 年 3 月 30 日（「衝」後 13 天），「哈伯太空望遠鏡」(Hubble Space Telescope) 從地球軌道拍攝到一張近乎相同角度的照片（圖 6-9）。火星此時遠在 1 億公里之外，但「哈伯」以其能看

到宇宙盡頭「上帝的手」❸的神眼,看地球「後花園」太陽系的景色,遊刃有餘。這的確是一張清楚得出奇的留影,火星正值春、夏之交,北極冰帽結構與 1980 年「維京人一號」軌道衛星拍攝的照片雷同,各類地表特徵也清晰可見。與圖 2–5,「哈伯」修復前拍攝的照片比較,不啻天壤之別。

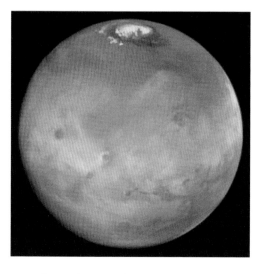

◀圖 6-9 「哈伯」太空望
遠鏡在春、夏之交,從地
球拍攝到的火星相片。
(Credit: NASA)

　　在 20 世紀 70 年代,「水手九號」和「維京人號」軌道衛星都先後發現兩極冰帽呈多層次 (layered) 結構。1978 年 3 月「維京人二號」軌道衛星的北極照片,核心冰帽重重疊疊,近二、三十層,在宏觀上展現了這種細緻的景色,像一塊瑰麗的「心鎖」。「維京人二號」的軌道衛星又在西經 340.8 度處,取得一塊約 40 公里見方的單層次照片,編號 560B60,進行高精度觀測,發現在單層中又似含有更細的層次(圖 6–10)。20 年後,「火星全球勘測衛

---

❸ 上帝在大霹靂時創造宇宙,距今已有 138 億年。所以,「上帝創世紀的手」已在 465 億光年外、宇宙的盡頭。

星」在這張照片中取下一條寬僅 2,500 公尺的窄帶，編號 46103，
進行更高精度的分析，結果發現細層次的數目竟可達數十層，層厚
由數十公尺到上百公尺不等，平均厚度約數十公尺（圖 6–11）。

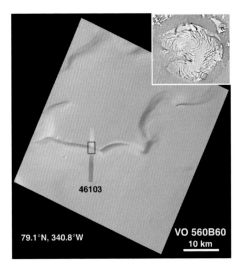

◀圖 6–10 「維京人二號」軌道
衛星的北極照片。(Credit: Malin
Space Science Systems/NASA)

◀圖 6–11 「火星全球勘測衛星」對圖
6–10 進行更高精度的分析，結果可用
來估計火星過去氣候的變化。(Credit:
Malin Space Science Systems/NASA)

火星南極亦然，不再詳述。地球並無這類大規模的地質結構。

目前，科學家認為，這些井然有序的層次結構可能是由灰塵和冰交疊而成的，可與地球樹木的「年輪」類比——乾旱時，樹輪薄；雨水豐盛時，樹輪厚。由樹輪的厚薄，我們能估計出地球區域氣候的變化。樹輪是大自然的氣候紀錄。

火星可能因為自轉軸大幅度的變化，造成乾、溼氣候循環。乾燥時塵暴不息，可達萬年之久。堆積在南北兩極的灰塵，後因潮溼期的來臨，被一層冰蓋住，就保存下來。據估計，位於火星南北兩極的「樹輪」，每 10 公尺厚度需 200,000 年堆積，每年約略堆積一根頭髮的厚度，與電腦模擬下的火星氣候循環週期相近。編號 46103 的冰層，可能需數百萬年才能形成。

在地球，我們也用南極洲的冰層和各處地層的結構，來理解地球過去氣候和地質的變遷。對火星氣候的歷史，我們的數據極為貧乏，甚至一無所有。火星兩極細層次結構的發現，給人類第一個可以檢驗的自然氣候紀錄。

1999 年，美國送出「火星極地登陸者號」，企圖在火星南極地表 1 公尺內的細層次結構中採得樣品，開始對火星過去幾萬年間的氣候演變做有系統的研究。雖然這次執行任務失敗了，但作者認為只是一次小挫折。2008 年 5 月 25 日，美國「鳳凰號」登陸火星北極成功，彌補了「火星極地登陸者號」失敗的遺憾。

✦ 紀念隕石坑

火星 $\frac{2}{3}$ 的地表被隕石坑覆蓋，這些隕石坑大多形態鮮明，還保

留著 38 億年前隕石風暴的遺跡，告訴人類在這麼一段漫長的日子裡，它們在原地沒動。這個圖像帶著一個重要的訊息，就是火星沒有板塊運動。不像地球，38 億年前的海洋地殼，早已被地心工廠回收、加工，以新產品再上市，所有考古證據也連帶著一起煙消雲散。火星隕石坑給人類提供了新的科研契機。

　　火星隕石坑以對火星有貢獻的科學家和一些著名的科學家命名。這本書提到的托勒密和在他以後的天文學家，幾乎在火星上都有紀念隕石坑。作者再次列出他們的姓氏和隕石坑的座標，以表示對這些人的敬意。英文字母 S 和 N，代表南、北緯度，赤道為 0 度，南極為 S90；火星只有西經，以 W 為代號，在 0 度至 360 度之間（註：近代火星專家也開始使用東、西經座標）。例如克卜勒隕石坑在南緯 46 度，西經 220 度，以「克卜勒（Kepler, S46/W220）」表示。此外還有：

伽利略	(Galileo, N5/W27)	第谷	(Tycho, S48/W215)
加爾	(Galle, S51/W31)	克卜勒	(Kepler, S46/W220)
馬拉迪	(Maraldi, S63/W32)	赫歇爾	(Herschel, S15/W229)
房塔納	(Fontana, S65/W73)	惠更斯	(Huygens, S14/W304)
羅威爾	(Lowell, S52/W85)	卡西尼	(Cassini, N23/W327)
牛頓	(Newton, S40/W157)	勒維耶	(Le Verrier, S40/W340)
托勒密	(Ptolemy, S46/W158)	夏帕雷利	(Schiaparelli, S3/W343)
哥白尼	(Copernicus, S50/W170)		

⋮

　　火星上作者沒找到發現火星兩個衛星的霍爾，愛因斯坦也告缺。

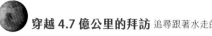

歷史上其他一些赫赫有名的科學家，也榜上有名：

居禮	(Curie, N29/W6)
達爾文	(Darwin, S57/W23)
達文西	(da Vinci, N2/W40)
虎克	(Hooke, S45/W45)
孟德爾	(Mendel, S59/W200)
赫胥黎	(Huxley, S63/W262)
羅素	(Russell, S55/W351)

　　探險家哥倫布 (Christopher Columbus, 1451～1506, S29/W165) 也上了名。還有，至少 6 位以上的俄羅斯科學家也上榜，其中，與赫歇爾同年代人的施羅特 (Johann Hieronymus Schröter, 1745～1816, S3/W304) 對火星多有貢獻，但作者這本書中沒提到他，主要原因是他的觀測與別人重複，作者沒再細表。

　　中國西漢末年的劉歆（Liu Hsin，西漢，50 BCE～23 CE，S53/W172）和後漢的李梵（Li Fan，東漢，生卒年不詳，S47/W152）也擁有隕石坑，是作者在榜上能找到僅有的兩位中國人，他們生活的年代距今已有 2,000 年了。

✦ 半球圖

　　美國地質觀測所運用「維京人號」軌道衛星攝得的照片，各用 100 多張鑲嵌成 4 幅以點透視法 (point perspective) 表現的火星半球圖，相當於從距離火星地表 2,000 多公里的太空看到的景觀。

　　第一幅火星半球圖是前文提到的圖 6–4，通稱為「水手號谷半球」，水手號谷中央座標為 S8/W75。除了搶眼的水手號谷和巨大的火山口外，圖上由南向北還有一條長達 4,000 多公里的「凱西谷」，構成塔西斯高地的東緣，猶如地球的長江大河，清晰可見，是火星上最大的一條乾涸河道。這是一張最出名的火星半球圖。

　　在水手號谷半球之西為色伯拉斯半球（Cerberus hemisphere，圖 6–12），中央座標為 N12/W189。圖左有一片黑色的色伯拉斯地盤，其左上方為一大片淡薄的白雲，火星上第二組艾里申火山群 (Elysium Mons) 的三個火山口在雲層邊緣，北南分布，清晰可見。圖中偏右有一個略呈南北走向的坑谷，最頂端的隕石坑名「彼得特」(Pettit)。圖的右上角為亞馬遜平原 (Amazonis Planitia)，其西南方，可能是一大片流沙區，細沙深達數公尺，太空船或人在此登陸，有沒頂之虞。

▲ 圖 6–12　色伯拉斯半球。(Credit: NASA/USGS)

再往西走，就到了著名的色蒂斯大平原半球，中央座標為 S2/ W305（圖 6-13），正上方淡色區域為阿拉伯地盤 (Arabia Terra)，右邊一大片南北分布的黑色地表為色蒂斯大平原，是地面望遠鏡最容易看見的地標。色蒂斯大平原東北方為伊西底斯平原 (Isidis Planitia)，正下方為南極剛入冬時的冰帽。南極上方為惠更斯隕石坑 (S14/W304)，極目向西，近正左邊緣，為夏帕雷利隕石坑 (S3/ W343)。

▲ 圖 6-13　**色蒂斯大平原半球。**(Credit: NASA/USGS)

　　夏帕雷利半球的中央座標為 S5/W340（圖 6-14），圖中央偏左為夏帕雷利隕石坑，右下角為南極，已進入隆冬，許多隕石坑已被白色的二氧化碳乾冰填滿。左上方及中央偏下黑帶中的眾隕石坑中都有黑色灰燼，肯定是由塵暴吹進去的。

▲ 圖 6-14　夏帕雷利半球。(Cedit: NASA/USGS)

✧ 地勢圖

火星地表經過 30 多年的探測，由初期「死的行星」，到目前成為充滿玄機的地質結構，代表人類 20 世紀科技的成就（圖 6-15）。火星上最顯眼的是水手號谷，在圖 6-15 中央偏左，向東北方向望去是色蒂斯大平原，向西北方向望去是奧林帕斯和塔西斯高地上的巨大火山群。色蒂斯大平原的右方是烏托邦平原，左方是阿拉伯地盤。烏托邦平原東方是火星上第二組火山群，以艾里申火山群為首，烏托邦平原的東北，是「維京人二號」的降落地點。

南、北兩極有閃亮的冰帽，隨著四季的變化而消長。南半球滿布隕石坑，地勢高，似乎還維持著 40 多億年前隕石風暴時的地貌，但幅員遼闊的窪地，即右下方的赫拉斯盆地和中央偏左下的阿吉爾盆地 (Argyre Basin)，像兩個被巨大隕石撞擊出來的古海荒漠，耐人尋味。

從圖右方向左移動，清晰可見的隕石坑連繫著人類傑出的名字：克卜勒、赫歇爾、惠更斯、卡西尼、夏帕雷利、加爾、哥白尼等。

　　水手號谷正北略偏右是金色平原，為一片廣大的洪水沖積地，也是「維京人一號」和「火星探路者號」的登陸地點。

　　紅色星球水的歷史，牽連著人類對火星的情結。

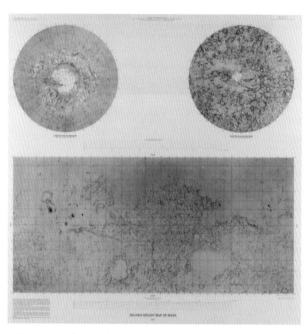

▲ 圖 6-15　火星地勢圖。上面兩個圓形圖分別為火星南
　（右）、北（左）兩極的投影。(Credit: NASA/USGS)

07

火星的月亮

✦ 發　現

　　伽利略在 1610 年使用新發明的望遠鏡，首次看到了木星有 4 個衛星，直接證明天體不一定都要繞著地球轉。

　　伽利略的同年代人克卜勒是個虔誠的基督徒，深信上帝的宇宙是和諧的：水星、金星沒有衛星，地球有 1 個月亮，木星有 4 個衛星（到 2020 年為止發現的木星衛星數為 79），火星在地球和木星之間，應有兩個，好應驗完美的 1、2、4 幾何級數。

　　火星有兩個衛星，頂多是克卜勒一廂情願的看法，但以他當時在科學界舉足輕重的地位，的確引起了一陣騷動。很快，這兩顆衛星開始在科幻小說中出現。

　　1727 年，在斯威夫特 (Johnathan Swift, 1667～1745)《拉普他之旅》(*Voyage to Laputa*) 小說中的天文學家就發現了火星的兩顆衛星，公轉週期為 10 小時和 21.5 小時，與現代數值 7.66 小時和 30.35 小時相差不遠。這雖然又是個巧合，但可看出人類對它們夢寐以求的情懷。

　　克卜勒之後，天文學家苦苦尋求不果。1783 年大「衝」時，赫歇爾又做了一次熱情的衝刺，無功而返。尋找火星衛星之事，就沒人肯花時間精力再碰。

　　1877 年大「衝」期間，夏帕雷利看到了火星上的「自然河道」，又重新點燃了美國天文學家霍爾尋找火星衛星的熱情。霍爾在美國海軍天文臺工作，他使用剛落成、當時世界最先進的 66 公分折射式望遠鏡，從 8 月初開始瞄準火星鄰近天域。到 8 月 11 日，在火星的東邊略偏北區，第一次看到了一個微弱的光點，但僅是驚鴻一瞥，雲就蓋了過來。他耐心等候了 5 天，天晴後，又再次看到

同樣的光點。當晚，又觀察到緊貼在火星邊上、另一顆比較明亮的衛星。經過霍爾幾位同事複驗兩天，海軍天文臺於 8 月 18 日公布了火星兩個衛星的發現。

✦ 命　名

霍爾繼承火星與戰爭的不解之緣，以戰神阿瑞斯的兩個僕人，佛勃斯（代表畏懼）和戴摩斯（代表驚慌）為這兩個新發現的天體命了名。後來天文界也以霍爾和一直鼓勵他追尋火星衛星的妻子斯蒂克妮 (Stickney)，為佛勃斯（火衛一）上兩個最大的隕石坑命名。斯蒂克妮隕石坑直徑 10 公里，幾乎占了佛勃斯 $\frac{1}{3}$ 橫切面。上面提到的科幻小說家斯威夫特，也在戴摩斯（火衛二）隕石坑的名字中出現。

中文世界稱佛勃斯為火星衛星一號，簡稱火衛一；戴摩斯為火衛二。這種命名方法簡單、易記，尤其是用在衛星眾多的木、土、天王、海王等行星上，殊為優越。如木衛一到木衛十六、土衛一到土衛十八等，一字排開，不必花腦筋去記那些單獨名字。簡單雖簡單，但總好像有點為小孩取名為老大、老二……老九等，無法表現出每個小孩子的個性，也充分表現出這些小孩像是撿來的，愛的蹤跡杳然，親生父母一般不會採用這種冷漠偷懶的命名方式。

火衛一因為公轉速度快，從火星地面看火衛一，它由西方升起，亮度為月亮的 $\frac{2}{3}$，在 4 小時 15 分鐘內迅速劃過火星的夜空，消失在東方地平線之下。火衛二的亮度是火衛一的 $\frac{1}{40}$，像地球夜

空中的織女星一樣明亮,但由東方升起,雖然繞火星公轉週期只有 30.35 小時,可是火星也跟著它同方向自轉,65 個小時後才從西方落下。

人類花了近 250 年,才找到這兩顆小衛星。火衛難尋,原因有三:第一,它們太小。大的火衛一長 28 公里、寬 22 公里、高 18 公里;小的火衛二長 16 公里、寬 12 公里、高 12 公里。第二,它們的反照率(albedo,物體表面對光的反射程度)極差,與黑色的煤塊相似,約 0.06。相比起來,火星的反照率在 0.1~0.4 之間:在明亮物體的旁邊,很難看到暗的東西。第三,它們相對於火星的位置不明。現在知道大的火衛一距火星 9,378 公里,小的火衛二距離火星 23,459 公里。

✦ 墜落?

美國海軍天文臺對兩個火衛有一種發現者的占有慾望,撥出大量的觀測時間,用望遠鏡對這兩個微小天體進行了長期的追蹤觀測,發現火衛一有速度增加、向火星逐漸墜落的傾向。

在考慮衛星軌道的穩定性時,通常以洛希極限 (Roche Limit) 為準。如果衛星軌道離行星太近,落在洛希極限之內,重力場在空間分布的強度太不均勻了,就會產生強烈的「重力潮」(gravity tide)。這種力量,使地球的海洋每天有兩次潮汐週期,如果作用在體積夠大的衛星上,衛星就好像被兩股相反的力量朝兩頭拉,「卡喳」一下,就成兩半。有時兩半成四塊,四成八,八成十六等等。換言之,在洛希極限之內,衛星的原始材料無法凝聚,會被蹂躪得柔腸寸斷,土星環就是在這種情況下形成的。

　　環繞地球轉的人造衛星，即使沒有微小的大氣阻力作祟，到最後終歸會向地球墜毀。主要原因就是距地球近，落在洛希極限之內，作用在人造衛星上的力量，在「近」地球方向比「遠」地球方向大，結果就有一股朝地球拉的力量，逐漸使人造衛星的速度加快、軌道變低、最後墜毀。

　　一般穩定的衛星，軌道遠在洛希極限之外，要不然無法維持幾十億年圍繞行星公轉的狀態。現在發現火衛一竟然已經進入洛希極限之內，令人費解。

✦ 「火星人太空站」

　　在 20 世紀 60 年代，前蘇聯天文學家思克洛夫斯基 (Iosif Shklovskii, 1916～1985) 仔細研究了太陽電磁波和各類高速粒子對火衛一產生的「壓力」，和火星微弱的磁場與巨大的太陽磁場中間的交互作用，認為這些效果都微不足道，無法產生觀測到的火衛一向火星墜落的現象。剩下最後一個因素就可能是火星的大氣阻力。一個行星在幾近真空的太空中運行，大氣被重力吸住，但大氣層和真空並沒有一個明確的分界線，在外層的大氣分子，從理論上來講，是向太空無限延伸出去的。雖然在數千或上萬公里外，只能測量到極微量的大氣氣體，少歸少，但絕對不是零。

　　當時只知道火星有大氣，成分與厚度一概不知。火衛一離火星 9,378 公里，如果是軌道上微量的大氣阻力造成火衛一因墜落而加速，則火衛一的密度必定很小——如要產生與觀測數據吻合的效果，只能是水的 $\frac{1}{1,000}$。自然天體都是石塊、鐵鎳一類成分，沒有那麼輕，除非是中空的。

自然界也沒有中空的天體。如果有，肯定是人造的。另外，有人辯論，兩個衛星為什麼在 1783～1877 年間看不到？肯定是科技先進的「火星人」在 1877 年前後才「發射」上去的。於是，火衛一是「火星人太空站」的看法，在爭吵不休中登場。

　　思克洛夫斯基的理論無懈可擊，美國海軍天文臺的數據也正確，就近觀察火衛一就被提到日程上。「水手九號」進入火星軌道後，火星全球塵暴，在 1971 年 11 月 30 日「冬眠」等待期間，「水手九號」把鏡頭對準火衛一，照下第一張近距離相片，清楚地顯現出火衛一是一塊石頭。美國天文學家薩根形容它像是一個畸形的馬鈴薯 (a diseased potato)。火星「太空站」論點不攻自破。

　　後來「維京人一號」的軌道衛星在 1978 年 10 月 19 日，距火衛一 612 公里處取得了更清晰的照片（圖 7-1）。稍前，也在 3,300 公里處記錄下火衛二的影像（圖 7-2）。

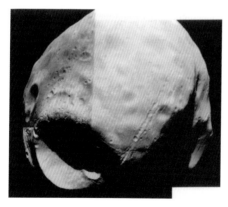

▲ 圖 7-1　「維京人一號」軌道衛星在 612 公里外看火衛一，其上最大的隕石坑以霍爾的妻子斯蒂克妮命名，直徑約 10 公里。(Credit: NASA)

▲ 圖 7-2　「維京人一號」軌道衛星在 3,300 公里外看火衛二。(Credit: NASA)

　　1989 年 3 月，前蘇聯的「佛勃斯二號」以 9,378 公里外的火星為背景，在 320 公里處照了一張珍貴的火衛一肖像（圖 7–3）。這是本書唯一一張前蘇聯拍攝有關火星的照片，編號是 2300093。「佛勃斯號」系列任務是前蘇聯、保加利亞和前民主德國合作的探測計畫。「佛勃斯二號」取得 40 餘張火衛一和火星照片，後來在企圖接近火衛一登陸時失蹤。1998 年 1 月 1 日，美國「火星全球勘測衛星」拍下一張鑑別率更高的火衛一照片（圖 7–4）。

▲ 圖 7–3　前蘇聯的「佛勃斯二號」照了一張珍貴的火衛一肖像。
(Credit: NASA/Russian Space Agency)

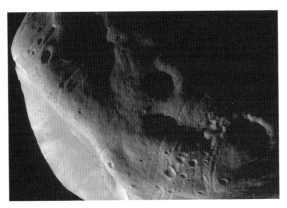

▲ 圖 7–4　「火星全球勘測衛星」攝得的一張高鑑別率的火衛一照片。(Credit: Malin Space Science Systems/ NASA)

在火星質量高度集中、火山群集的塔西斯高地被發現後，火衛一向火星墜落的真相大白：火衛一每經過塔西斯高地一次，都會因重力潮增加，使它往火星方向輕微移動些許。估計它將會在 1 億年內撞上火星墜毀。

✨ 小行星

行星的自然衛星一般軌道穩定，很少會栽下去的，尤其是與母行星同步形成的衛星，至少已有 40 多億年的歷史，要栽老早就栽了，不會等到我們科技發展成熟，能看到它後才栽。

但火衛一為什麼會在這麼一個奇怪的軌道上呢？它是跟火星一起形成的嗎？是與否，可由火衛一的比重來決定——是，比重要跟火星一樣為 4。否，如果是一般鐵鎳隕石，比重要比 5 大；如果是從小行星帶來的，以含水分高的碳質球粒隕石 (carbonaceous chondrite) 為主，比重應低於 3。

「維京人一號」軌道衛星於是又負起測量火衛一比重的任務。「維京人一號」軌道衛星的軌跡在接近火衛一時，會發生輕微變化，由此可推算出火衛一的比重。遙測結果，火衛一的比重是 2。

碳質球粒隕石含有各類不同成分，一般比重在 2.3 至 3 之間。若主要成分為含水量高的蛇紋石 [serpentine，$Mg_3Si_2O_5(OH)_4$]，比重可低至 2.3；若為含碳酸鹽類的礦物質，如方解石 (calcite) 等，比重則接近 2.7。現在火衛一的比重竟然只有 2，輕得令人難以置信。合理的推測是：火衛一可能充滿氣泡，好似露營時被篝火烤過的棉花軟糖 (marshmallow)，或像中國的發麵饅頭。

　　我們由此得出的結論是：火衛一的成分與火星材料無關，與小行星帶的眾小行星較為接近，可能是含水分高的碳質球粒隕石。

　　這是一個說得過去的結果：火衛一是在火星形成很久之後，約在 38～40 億年前的隕石風暴發生期間才捕捉到的一顆小行星。

　　但這個發現，卻帶來更奇怪的問題：隕石可由四面八方全方位來，速度快，最可能的軌道種類是大橢圓形，軌道平面與火星赤道面不應有任何關連，怎麼就這麼巧，火衛一軌道不但是圓形，還正好在火星的赤道平面上？火衛二雖遠些，軌道也是圓形的，並且也在赤道平面上。這是一個神祕的現象，目前無解。

　　火衛二的軌道與火衛一恰巧相反，有逐漸脫離火星的趨勢。幾億年後，火衛一隕落火星，火衛二則衝破火星束縛，重獲自由，再度漫遊星宇，尋找另一個歸宿。這和月球逐漸脫離地球同出一轍。

　　火衛一與火衛二上隕石坑累累，大都邊緣鮮明，侵蝕現象微弱，保存了大部分 38 億年前隕石風暴密度的紀錄。有些腐蝕痕跡，可能是由於太陽風的粒子撞擊導致。

　　「水手九號」還發現火衛一上有一層薄薄的灰燼，成因很難解釋。火衛一重力場太弱，怎能吸住這些灰塵呢？

　　有些專家認為，這種情況猶如棒球快速地從一個充滿灰塵的區域通過，棒球表面多少也會沾上些許灰塵。久遠以前，隕石碰撞火星頻繁，揚起大量灰塵，有些可能逃逸火星地表數千公里以外，甚或籠罩住火衛一軌道。火衛一由中穿過，灰塵就在表面疊積下來。火衛一灰塵現象，各類解釋，都很曲折複雜，一時尚無定論。

目前人類不知這兩顆火衛的成因，但這並不稀奇。地球月亮形成的原因，目前也尚無定論。以前認為月亮與地球在 45 億年前同時形成。人類登月後，發現月亮的成分有的地方與地球一樣，有的地方與地球不同，並且內核很小。修正後的理論認為，地球在 45 億年前與一個火星大小的天體斜撞，部分地殼被帶到太空，與原撞體在月球軌道凝聚而成月球。

月球對地球質量的比例，在太陽系衛星對行星質量比例的排行榜上占第一位，有平衡地球自轉軸的作用，給地球生物一個長期穩定的溫度環境，對地球生命的起源和演化貢獻巨大。相比起來，火星的兩個月亮質量太小，達不到發揮平衡火星自轉軸的作用。火星自轉軸每 50 萬年會有 60 度的變化，造成溫度大幅度漲落，對生命起源、演化不利。

生命隕石

含水分高的碳質球粒隕石，常含有簡單的胺基酸，1969 年墜落在澳大利亞維多利亞省的墨奇森 (Murchison) 隕石就是一個著名的例子。反對隕石含胺基酸的人認為，地球感染可能性大，但經分析結果，墨奇森隕石中所含的胺基酸結構，左旋、右旋偏光反應各半。而地球生命胺基酸全為左旋偏光，結論是墨奇森隕石的胺基酸，在進入地球前已然形成。

小行星的一般成分為含水分高的碳質球粒隕石，也應有胺基酸存在。胺基酸可能是地球生命起源的素材，人類渴望去小行星帶尋找胺基酸，但眾小行星分布在火星和木星之間，登陸探測，遙不可及。現在，火衛一原來極可能是一顆含胺基酸的小行星，鎖定在地

球近鄰火星的軌道上，人類在未來幾十年內就可能有能力去拜訪，這真是個令人振奮的發現。

1943 年，法國科幻小說家聖艾修伯里 (Antoine de Saint-Exupery, 1900～1944) 以小行星帶為背景，寫出了童話故事《小王子》(Little Prince)，膾炙人口，歷久不衰。小王子住在小行星 B-612 上。B-612 有三個火山口，兩活一死。他用兩個活火山煮早餐，還在 B-612 又種花。在出門到別的小行星拜訪旅遊時，他就把花用玻璃蓋罩住。小王子後來乘「阿波羅」軌道 ❶上的小行星，來到地球訪問。地球引力太大，他回不了家，只得央求蟒蛇把他吞下消化，解放出他的靈軀，才得再回到他那夢魂縈繞的故鄉──小行星 B-612。

當人類的太空人去訪問火衛一時，他（她）會發現，與小王子在地球訪問的經驗正相反，火衛一引力微小，登陸、脫離不需太多火箭燃料，甚至振臂奮力一丟，像大力神一樣，就可使一塊小石子達到脫離速度，一去不返。他（她）又發現，火衛一自然資源豐富，可能有 20％的結晶水，又有大量的碳和氧原料，可就地取材 (in-situ resources utilization, ISRU)，提煉成水、氫、碳、氧。碳和氧可製造一氧化碳，氫和碳可合成甲烷，以供在火星地面探測和返回地球所需的燃料。

---

❶ 有些小行星帶上的小行星，運轉在一個與地球軌道相交的阿波羅軌道上，幾千萬年可能會與地球相撞一次，造成地球物種大量滅絕，也刺激新的物種出現。6,500 萬年前的白堊紀 (Cretaceous Period) 和第三紀 (Tertiary Period) 交替期中，一顆直徑約 10 公里的隕石撞擊地球，落在目前墨西哥的猶加坦半島 (Yucatan Peninsula)，造成恐龍絕種。這顆隕石，很可能是阿波羅軌道上的小行星。《小王子》書中並沒有提到阿波羅軌道，那是作者為小王子提供的來訪地球的高速公路。

火星和火衛一對人類太空人的待遇，要比地球給小王子的待遇好得多。所以，火衛一可以作為人類登陸火星的中途觀測所和加油補給站。去火星的太空船必須攜帶單程燃料和部分給養，回程所需則可在火衛一就地取材。這有助於人類「往返火星」之旅的策略思維。

　　當然，太空人不會忘記從火衛一帶回一塊含胺基酸的生命隕石。說不定，地球的生命就是從那裡起源的呢？！

08
◆
諾亞洪水

✨ 火星上的洪水

最近考古學家發現，15,000 年前，地中海地區溫度上升，附近冰河融化，注入地中海。地中海水位節節拔高，7,400 年後，終於破堤而出，每天以 200 倍於尼加拉瓜瀑布的水量，往黑海灌注了兩年。黑海面積倍增，深度也由 200 公尺增到 2,500 公尺。

這場巨大的洪水發生在人類有文字記載能力以前，肯定在流離失所的難民中，留下了無法磨滅的印象，世代口述，相傳了好幾千年。合理的推測，後來很可能成為《聖經》「創世紀」中「諾亞洪水」的原始素材。

上帝要用諾亞洪水，殺盡所有罪惡的人類，並交予諾亞權柄，重新建立洪水後的世界新秩序。於是《聖經》就把這場局限於黑海區域性的洪水，擴張到覆蓋整個地球。西方科學文化從此就用諾亞洪水 (Noachian flood) 來形容全球性巨大的洪水災難。

「水手九號」最大的成就，就是看到火星上許多規模巨大的自然「洩洪道」(outflow channels) 和「混亂地形」遺跡。估計，造成這類地形所需的洪水量，可能達到地球諾亞洪水級的 100 倍。所以，用地球有史以來最高級的形容詞來描述火星上曾經發生過的洪水，給力度還不夠。

✨ 行星水，天上來

46 億年前，太陽系混沌初開時，火星和地球一樣，在各自的軌道上由細微的星雲材料開始，逐漸凝結成初具規模的原始小行星。

在一個軌道上的小行星數目能有數十個。小行星因碰撞聚合到一定大小後，地心引力增大。各小行星間碰撞產生的熱量，足以使含在固體中的氣體揮發，在地心引力的控制下，形成包圍繼續成長的中小行星的初期大氣。水是這個胚胎大氣中最主要的成分，水氣大氣形成後，成為一個絕熱的屏障。而星球間的碰撞仍然頻繁，繼續帶來水分，由於產生的熱量散不出去，原始行星表面的溫度開始上升。

據估計，在地球長到目前體積的 1% 時，水氣大氣形成；地球長到目前體積的 7% 時，悶住的熱能已足以使地表熔化，成為液體；水氣大氣持續增加，到 100 大氣壓時，可與熔化的地表形成一個平衡狀態。

換言之，碰撞持續，水由新加入的碰撞天體不斷帶進來。原始行星繼續成長，水氣繼續向大氣灌注，如果超過了 100 大氣壓，水氣就往熔化的地表裡滲透，愈滲愈深。最後，地球長到目前大小，碰撞材料用盡。由於碰撞不再，溫度開始下降，地表凝固，水氣凝結成水，形成了海洋和大量的地下水❶。

目前理論認為，火星在成長過程中，水氣的溫度在沒能達到熔化地表的程度前，就開始退燒，只形成了地表上的海洋。地下水的源頭，則由碰撞後鑽入地下的材料供給。深埋地下、體積龐大的含水岩塊呈點狀散布，與地球經由滲透步驟而得均勻分布的結果不同。

---

❶ 有的理論認為，地球距太陽太近，水氣不會凝結，地球的水是在地殼凝固後，才由彗星碰撞引進的。「行星水，天上來」是一個被普遍接受的論點。

但火星離太陽較遠，比較接近氣體木星的軌道，其原始材料的含水量應比地球高。火星成形後，總含水量的百分比也應不亞於地球，甚或可能遠高於地球。

　　太陽系的八大行星定位後，沒用完的星雲材料凝聚成許多以冰為主體的彗星，被排斥在八大行星以外的歐特雲 (Oort cloud) 區，這裡是太陽系的「亂葬崗」。偶爾，在遙遠軌道上的彗星，受到過路天體的騷擾而換軌，開始向太陽墜落，劃痕於地球的夜空，神祕、美麗。有時，彗星與小隕石碰撞，小冰渣鑽進隕石，乘坐隕石列車，下凡人間。

　　1999 年 3 月，有塊小隕石墜落在美國德州居民的車道上。航太總署即刻檢驗，首次發現隕石中竟含有一汪汪藍色晶瑩的石鹽水。這直接證明了盤古開天闢地時，行星水，天上來。

✦ 大失水

　　火星是距離太陽最遠的石質行星，火星的外鄰為巨大的氣體行星。因為火星這個位置特殊，它所繼承的先天材料可能與地球略有不同。構成火星的原始材料，可能含揮發性氣體（主要是水）的比例，比地球高出許多。成形後，凝結在全部火星地表的海洋深度，最高估計平均可達 100,000 公尺，地下水源也極豐富。 相比之下，地球海洋平均深度為 5,000 公尺。所以，火星海洋曾比地球深 20 倍。

　　火星形成後，主要的蓄水庫和地球一樣，是海洋、地殼和大氣。但火星水的故事，與地球相同之處至此結束。從這點起，火星與地球開始分道揚鑣，各奔前程。

　　初生火星在大量地熱的催動下，地心材料開始分化 (differentiation)，重金屬類如鐵等，向地心沉集；輕的物質如二氧化碳、水等，向地表方向浮離。在分化的過程中，水和熾熱的鐵漿反應，形成氧化鐵和氣態氫，並耗掉大量水分。大量氫氣透過地殼進入大氣，因為最輕，一直竄升到外大氣層，在初生太陽生猛的紫外線照射下，取得足夠能量，達到脫離火星的速度，一去不復返。

　　眾多逃離的氫原子，匯合成一股巨大的朝火星外噴射的氣流，同時並以氣體的黏滯力，拖走其他大氣中的重量級氣體如氮、氬等，造成集體流力逃亡潮 (hydrodynamic escape)。同時，幼年期的火星火山活動頻繁、活躍，從地心噴出大量氣體進入大氣，也加入了流力逃亡的行列。

　　太陽系行星形成後，隕石風暴前後延續 7 億年。隕石通常含有豐富的水分，每次隕石碰撞火星，都會帶來大量的水，並使一些海洋的水氣化進入大氣，連帶激起一股高速反彈氣流，帶動大氣逃亡火星。有時隕石以切線方向射入大氣，不需落地就挖走了一大片天。

　　更厲害的是隕石以接近切線的角度，撞上火星。火星像是在胃部被重重挨上一拳，向外太空做抽搐性瘋狂大嘔吐，專家稱這種由隕石碰撞而造成的行星損耗現象為碰撞侵蝕 (impact erosion)。在那隕石如雨的年代，火星的大天災是失水。

　　雖然我們目前還不理解火星在第一個 7 億年中的氣候概況，但以隕石碰撞的頻繁、紫外線和地熱豐富的程度推測，火星極可能是一個溫暖潮溼的世界。同時，與隕石「野蠻」碰撞失水相比，海洋的水也繼續「文明」地蒸發，進入大氣，經紫外線分解成氫和氧。氫繼續進入外大氣層，逃離火星。

所以，在第一個 7 億年中，火星的水經地殼、海洋和大氣，陸海空三路逃亡，再加上隕石肆虐，碰撞侵蝕，很可能是火星歷史上失水情況最嚴重的一個時期。

✦ 大失氮

　　38 億年前隕石風暴停止，火星由隕石得水的速率大幅度減慢，失水速率也相對降低。此時火星的大氣壓很可能與地球接近，包括大氣中氮的成分比例也相近。

　　地球在這個階段，從天上來的簡單胺基酸，在氮、碳、氫氣體豐富、溫暖潮溼的環境下，已發展成無核單細胞，使用太陽能進行綠色生命的光合作用，攝取二氧化碳，對地球大氣持續加氧 30 餘億年，徹底改變了地球先天繼承的大氣成分，也永遠改變了地球未來的命運。

　　火星呢？可沒有這麼幸運。小矮個兒火星的重力場僅為地球的 38%，脫離速度每秒 5 公里，與地球每秒 11 公里的速度比，為 45%。氮是生命起源的重要元素，沒有氮，就沒有無核單細胞，就沒有光合作用，就沒有氧。氮分子的速度每秒可達 6～9 公里，比火星脫離速度高，比地球脫離速度低。地球能留住氮等氣體，小矮個兒火星只得放行，這可能是火星最大的致命傷。

　　與流力逃亡潮和碰撞侵蝕相比，氮氣逃亡遵守能預測的物理定律，是文明打法。但隕石風暴停止後的 38 億年間，這個物理定律綿綿不斷加在火星身上，鐵杵磨成繡花針，幾乎把火星氮等氣體全部耗盡，僅剩下 2.7%。但最可怕的是，在氮等氣體流失後，火星整個大氣壓減低，降成僅為地球的 $\frac{1}{150}$。在這麼低的大氣壓下，

液態水無法存在。水，或是集體逃離火星，或是在水循環過程中轉入地下，變成地下永凍層 (permafrost)，或成為深藏不露的地下水。

至此，火星失去所有地面上的液態水，地表乾旱，僅留下在北極呈心鎖狀的水冰帽。

有些專家認為，目前火星上各類自然洩洪道和混亂地形，都可能是在 38 億年前隕石風暴停止前後，由水沖蝕而成的。

✦ 洩洪道

「水手九號」觀測到火星有 4 處自然洩洪道結構，規模最大的在金色盆地 (Chryse Basin, N20/W45)。其他 3 處分別在艾里申平原 (Elysium Planitia, N30/W230)、赫拉斯盆地 (S40/W270) 和亞馬遜平原西緣的凱西谷 (N20/W160)。

金色盆地地勢低，在火星基準面下 1 公里，呈袋狀，三面環繞著 4 公里高地（本書所有火星標高都以基準面為準，請見第六章火星風貌「基準面」一節），北出阿西得里亞平原 (Acidalia Planitia)。自然河道由東、南、西三方向朝金色盆地匯集，形成寬宏的洩洪道，浩蕩北奔 2,000 公里，消失在阿西得里亞平原南緣。

金色盆地的河道大多數起源於周緣的混亂地形區。目前一致的看法，皆認為混亂地形成形前，地表下存有厚實的冰層，因氣候變化、地震或隕石碰撞，使得冰層破裂，高壓下的地下水破土猛噴而出，造成塌方，留下重災區，形成混亂地形。水急奔洩洪道，濁浪滔天，以排山倒海之勢向下游挺進，切出彎曲的河道，洋灑北行，一路被地層吸收或蒸發，最後終歸無影無蹤。

在水手號谷東北緣，達文西隕石坑以南，有一塊拉威谷 (Ravi Vallis) 混亂地形，略呈三角形（圖 8-1），長 150 公里，寬近 100 公里。混亂地形深陷 10 公里，谷底大小岩塊羅列，密密麻麻。圖中略左，洪水洩出痕跡明顯，是火星上最出名的混亂地形之一。這塊被稱為卡普利深壑 (Capri Chasma) 的地區，曾為「維京人二號」降落候選地點，終因地勢太崎嶇而作罷。

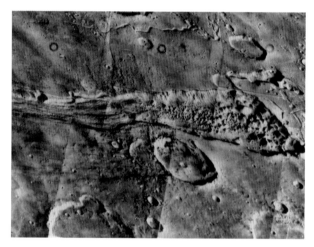

▲ 圖 8-1　拉威谷混亂地形。(Credit: NASA)

順著卡普利混亂的地形往北走，就能看見金色盆地南方一大片洩洪地盤（圖 8-2），面積達 1,000 公里 ×2,000 公里，由右下方向西北方延伸，洩洪道與隕石坑打成一片，間雜著層出不窮的混亂地形。圖上偏右，洪水水勢已弱，淚珠形島嶼地形明顯，是水流的鐵證。圖中央上方是「維京人一號」和「火星探路者號」的降落地點，為人類尋找火星水源和化石生命的理想場地。正下方為後備降落地點。左下方插照為地球上最大的相似混亂地形，比例尺度相

同,位於美國西海岸華盛頓州哥倫比亞河上游,面積約為金色盆地的 1%。

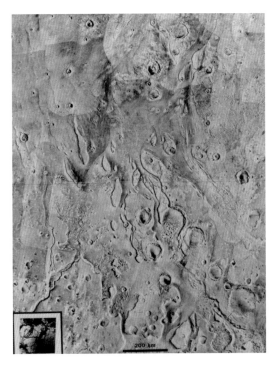

◀ 圖 8-2 金色盆地南方一大片洩洪地盤。左下方插照為地球上最大的相似混亂地形,面積約為金色盆地的 1%。(Credit: NASA)

　　天文地質學家常以 100 萬平方公里面積內所包含的隕石坑總數目和大小,來估計該地形的形成年代。圖 8-2 的總面積約為 200 萬平方公里,約有 10 個直徑 50 公里以上、50 個直徑 10 公里以上的隕石坑,可約略估計這片廣大的洩洪地形年齡,應在 35 億至 38 億年前之間❷。

---

❷ 以隕石坑估計地形年代,不十分正確,但聊勝於無。對火星而言,一般使用下列尺度:(1) 隕石坑密度每百萬平方公里內有 200 個以上、直徑為 5 公里的隕石坑,每百萬平方公里內有 25 個以上、直徑為 16 公里的隕石坑,地形年代為 35 億〜38 億年前;(2) 隕石坑密度每百萬平方公里內有 400 個以上、直徑為 2 公里的隕石坑,每百萬平方公里內有 67 個以上、直徑為 5 公里的隕石坑,地形年代為 18 億〜35 億年前。

將圖 8-2 部分淚珠形島嶼放大（圖 8-3），島嶼上的隕石坑清晰可見。隕石坑阻擋流水，造成淚珠流痕。隕石坑周邊新鮮銳利，沒有水蝕跡象，肯定是流水深度沒淹過隕石坑頂。這張照片很清楚地顯示，隕石坑先存在，洪水後至。圖中下向右上角走的直線是河岸。圖左右兩邊有些零星的小隕石坑，沒有阻擋水流的痕跡，那是洪水後才發生的撞擊事件。

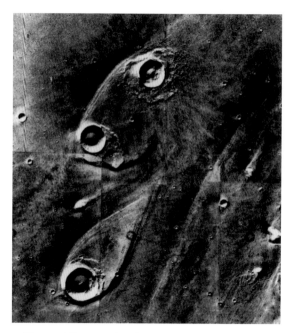

▲ 圖 8-3　圖 8-2 淚珠形島嶼的放大圖。(Credit: NASA)

　　在 6,000 公里外赤道以南，奧林帕斯山西南方的曼卡拉山谷 (Mangala Valles) 地區，也有豐富的洩洪地形（圖 8-4）。圖右上原本有巨大的混亂地形，洪水宣洩後，河道規矩成形。專家認為，即使現在火星地表滴水不見，在這種地形下面，仍有大量水冰存在的可能。

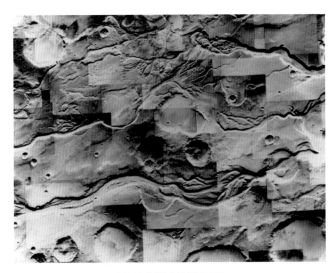

▲ 圖 8-4　曼卡拉山谷地區的豐富洩洪地形。(Credit: NASA)

　　「水手九號」觀測到火星的洩洪道結構後，專家不敢相信是水的傑作。火星無水，何來洩洪道？

　　有人認為是由火山岩漿切出的，有人認為是液態碳氫化合物或液態二氧化碳，甚或是地表熔化後收縮而成的，議論紛紛，莫衷一是。20 世紀 70 年代，專家發現了美國西海岸華盛頓州哥倫比亞河上游，在更新世（Pleistocene Epoch，170 萬年前至今）形成的斯卡布蘭 (Scabland) 區混亂地形，結構與金色盆地洩洪地區相當接近，尤其是淚珠形島嶼形狀，相似處更是驚人。大家終於一致接受火星上的洩洪道是由水切出來的。至此，火星曾有過巨大的諾亞洪水，才成定論。

　　在洩洪地區的上游，有深壑地形，相當類似地球的深水湖地質結構。在金色盆地南緣和水手號谷中段，深壑密集分布，有的深達 8 公里。已有明顯跡象顯示，這些深壑曾被地下水充滿，是火星上

的湖。甚至整個水手號谷，也曾灌滿過水，變成內海，但因氣候變化，冰堤融化，最後向低窪地傾注。這可能是最巨大的洪水源頭。

火星上也有與地球極為相似的河流—河谷地形，有明顯的支流結構（圖 8-5）。這類地形與洩洪道相比，大有不同：洩洪道只需地下水，因地質突變，洪水暴發，來去迅雷不及掩耳，而留下一片爛攤子。河流—河谷地形，則需長期氣候溫暖，河水在地面流動，慢工細活，逐漸侵蝕而成。

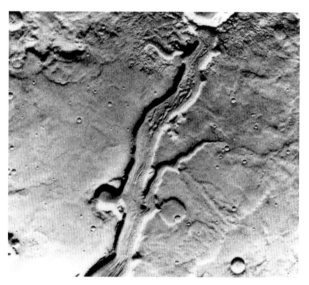

▲ 圖 8-5　火星上也有與地球極為相似的河流—河谷地形。
(Credit: NASA)

專家已有共識：這類地形是由雨水和地下水長期侵蝕而成的，為火星過去曾經有過溫暖、潮溼環境的證明。形成期可能在隕石風暴停止前後，與地球生命起源時期接近。如果火星曾經有過生命，似乎也應在這個期間濫觴。

✦ 水量估計

上文提到，人類因火星的啟發，發現了地球上最大的古洩洪道結構。那是在更新世形成的，地點在美國愛達荷州和蒙大拿州交界的密蘇拉湖 (Lake Missoula)。密蘇拉湖居高臨下，俯視哥倫比亞河河谷。湖與河谷以冰河相連，長年相安無事。偶爾溫度上升，冰河融化，湖水破冰堤而出，以萬馬奔騰之勢，向下游的河谷宣洩，造成斯卡布蘭洪水區和明顯的混亂地形。

專家估計，造成斯卡布蘭地形的洪水流量約為每秒 10^7 立方公尺，而美國最大河流密西西比河，河水流量約為每秒 10^5 立方公尺，僅為斯卡布蘭洪水量的 $\dfrac{1}{100}$。

以同樣的方法估計，火星金色盆地的洪水流量，大約為每秒 10^9 立方公尺，是斯卡布蘭洪水量的 100 倍、密西西比河的 1 萬倍。所以，用「諾亞洪水」來形容火星曾經發生過的巨大洪水，力度實在不夠。

火星洪水流量儘管大，但我們不知道它流了多久，所以無法算出總水量。通常以地質結構計算水量，考慮的因素必須包括河道的長、寬、高、總體積、總河道數、乾涸湖泊的大小、可能是以前海洋與能集水的低窪地體積、地下水含量和火山噴出的水氣等。

以高空軌道照片來估計，金色盆地一地的河道體積，每條約 10 萬立方公里，錯綜複雜有 60 條河道，共得 600 萬立方公里。這個體積除以火星總表面積 ($4 \times 3.14 \times 3,390 \times 3,390$)，得 40 公尺。換言之，如果把裝滿 60 條河的水平鋪在整個火星地表，得水深 40 公尺。

　　這個估計顯然相當保守。實際情況不可能是洪水未至，河道先開。洪水的體積總得比河道體積大，才沖得出那樣大小的河道。而且，數次洪水可能都用相同河道，也未可知。還有，河道體積會因不同時期的侵蝕而變小，所以目前觀測到的體積，應比剛成形時小。另外，洩洪河道都在基準面 0～1,000 公尺之間，低於這個高度的地下水源，沒有足夠的水壓參與洩洪壯舉。這一單項因素，就能使以上估計加倍：把留在地下的水量加進去，水深便由 40 公尺變 80 公尺。最後，地下水源的分布，應是全球性的。金色盆地僅占火星地表面積 10%，所以，40 公尺深度乘以 10 倍，變成 400 公尺，也有可能。

　　以同法估計，火星其他三個洩洪區，共得水深 20 公尺。加上金色盆地的 40 公尺，共 60 公尺。

　　火星火山噴出大量地心材料，估計有 6,500 條相等河道的體積。以 1% 為水的估計，得水深 45 公尺。這是個樂觀的演算法，因為從火星掉到地球的隕石顯示，其含水量低於 1% 甚多。並且大氣中的水分更容易以各種途徑逃逸，減低地表水分量。

　　火星北半球低窪地幅員廣大，加上湖泊、水手號谷，如果全被水覆蓋，需水 1,000 公尺深。

　　以地球氫和氘和水的比例為準，火星目前水量應在 10～100 公尺之間。另一項前文提到的，是氘 (D) 對氫 (H) 的比例 (D / H)，火星高過地球 5 倍。火星的水分子經強烈的紫外線分解，變成氫和氧。氫氣上浮到外大氣頂，以擴散方式進入重力彈道軌道，達到脫離速度；同時以氣體黏滯力糾朋引黨，慫恿其他氣體入夥，掀起大規模流力逃亡潮。氘比氫重，氫跑得多，留下的氘比例相對提高。

　　濃縮的 D/H 值，是火星過去含水量的「藏鏡人」，證明火星曾經有過更多水。如果把目前火星 D/H 稀釋成與地球等值，火星應有一萬公尺深度的海洋。這份水早已流失，不在目前估計之內。

　　總之，各類五花八門的估計，以科學的眼光看來，還是在猜謎遊戲階段，但肯定的一點是，火星目前應當還擁有豐富的水源。

　　但是，火星的水，除了能看到的北極水冰帽以外，到底都藏到哪裡去了呢？

✦ 火星的祕密

　　冰埋在地下，常因地殼溫度變化，熱脹冷縮，承受到不均勻的力量，發生位移。巨大地下冰層的移動，會在地表留下蛛絲馬跡，有案可尋。

　　火星上有無數隕石坑。位處低緯的隕石坑，鮮明陡峭，輪廓清晰（圖 8–6），看不出地底活動；高緯度的隕石坑，常有軟化 (softening) 現象，坑底呈同心圓波狀結構，由邊緣向中央蔓延（圖 8–7）。

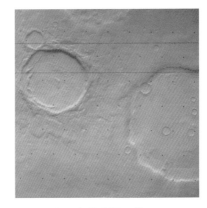

▲ 圖 8–6　火星低緯度隕石坑 (S12/W163)。（Credit: NASA/JPL/ 李佩芸）

▲ 圖 8–7　火星高緯度隕石坑 (N33/W312) 的軟化現象。（Credit: NASA/JPL/ 李佩芸）

與低緯度邊緣清晰的隕石坑相比，大部分高緯度的隕石坑邊緣
軟化、模糊（圖 8-8）；有的甚至被扭曲得隕石坑變形（圖 8-9）；
有的隕石坑被地下冰層推動得有如冰河，與周圍地表打成一片（圖
8-10）。這些地表變化，都應是因為地下冰層移動而引起。

▲圖 8-8　高緯度的隕石坑 (S48/W40) 邊緣軟
化、模糊。（Credit: NASA/JPL/ 李佩芸）

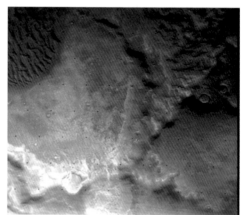

▲圖 8-9　高緯度的隕石坑 (S48/W340) 被扭曲
得變形。（Credit: NASA/JPL/ 李佩芸）

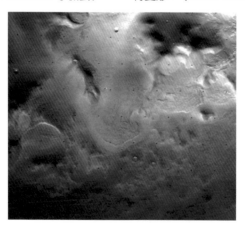

▲圖 8-10　高緯度的隕石坑 (S47/W247) 被地
下冰層推動得有如冰河，與周圍地表打成一
片。（Credit: NASA/JPL/ 李佩芸）

　　隕石以高速撞擊地表，會產生高熱，如果地下有冰，可瞬息將
地下的冰融成水，水與沙土混合，形成稀泥。在隕石撞擊下，稀泥
向四周濺射，留下明顯的拋出物 (ejecta) 痕跡（圖 8-11），這又是
地下有冰的證據。

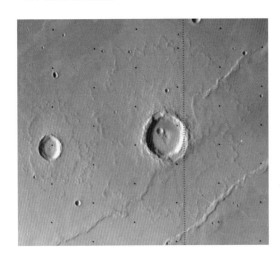

◀ 圖 8-11　隕石以高速撞
擊地表，留下明顯的拋出
物痕跡 (S23/W79)，是地
下有冰的證據。（Credit:
NASA/JPL/ 李佩芸）

　　其他實際觀測數據再顯示，火星地表的平均結霜溫度為攝氏零
下 80 度❸。在低緯赤道附近，溫度比霜點高，即使以前有地下冰，
現也早已揮發殆盡，在十億年內年輕的隕石坑應該形狀新鮮銳利，
沒有移動跡象。這與預期觀測結果相符合，是一個有力的旁證。

---

❸ 火星地表大氣壓在 600～1,000 帕之間，其中二氧化碳占 95.32％、氮 2.7％、氬 1.6％、氧 0.13％、
一氧化碳 0.07％、水氣 0.03％，其他惰性氣體及臭氧 0.15％。
　攝氏 0 度的冰的表面水氣壓為 610.7 帕。換句話說，在攝氏 0 度的冰的表面上，如果覆蓋著 610.7
帕氣壓的水氣，冰和水氣會形成一種平衡狀態：每個從冰脫離變成水氣的水分子，由一個從水氣
凝結成冰的水分子替換，冰不會變少。但實際上，火星地表水氣壓僅為總大氣壓的 0.03％，等
於 18～30 帕，在攝氏 0 度時，冰有很大的自由度可盡情揮發，朝平衡氣壓 610.7 帕接近，但大氣
中的水氣只能回饋冰失去的 0.18/6.107 = 0.0295，或 3％不到。攝氏 0 度下的冰進出不平衡，冰
逐漸揮發成水氣。在攝氏零下 80 度，冰表面的水氣壓約 20 帕，冰的水分子進出數目一樣，達到
「收支」平衡狀態。攝氏零下 80 度是水氣在 20 帕氣壓下的「霜點」。高於這個溫度，冰會逐漸
消失；低於這個溫度，冰會逐漸增加。在不同的水氣壓下，水氣的霜點不同。
　在實驗室裡，若把一塊冰放在真空中，冰會很快氣化、消失。但真空環境下，溫度愈低，冰消失
速度愈慢。若將真空加入 20 帕水氣壓，則在攝氏零下 80 度，冰不再消失，冰塊也不會變小。

在 30～60 度高緯地段，地層溫度低於攝氏零下 80 度，地下冰層可長期穩定存在。在地質不平衡力量的推動下，地表上明顯的結構，諸如大到數十公里的年輕隕石坑等，應該會有挪動現象。而這與高空觀測結果再次符合，又是一個強力的旁證。

火星目前各類大規模地表位移現象都集中在高緯度帶，證明地下冰層存在的地理位置是在高緯寒帶。緯度 30 度以下，並沒有地下冰層。目前，火星的水被鎖在高緯度的地下冰層裡，是專家一致的看法❹。這也是火星告訴人類最大的祕密。

✦ 水的循環

目前火星大氣稀薄，沒有溫室效應，溫度酷寒，在赤道低溫可延伸至地表以下 2.5 公里，兩極可達地下 6.5 公里不等。確知的水分只有北極水冰帽，和大氣中 0.03% 的水氣。

38 億年前隕石風暴時，含水的隕石能深鑽地下達 10 公里，至今仍應健在。據估計，這些隕石帶來的水量在地表下均勻分布，相當於 1.5 公里的海洋深度。

在火星緯度 30 度以下的地下冰層溫度比霜點高，冰可能早已氣化，向地表方向滲透，進入大氣，最終在兩極再凝結成冰，完成由低緯往高緯運輸地下冰的動作。38 億年中，這種低緯度失水情況持續，可將赤道帶地層乾化，深達數百公尺。

---

❹ 火星有一個複雜的水的歷史，許多專家學者已盡畢生之力鑽研。有關火星水的參考資料浩瀚，作者在此只能勾畫出粗略的輪廓。作者要向有興趣的讀者，鄭重推薦一本經典之作，作者為卡爾 (Michael Carr)，書名《火星的水》(*Water on Mars*)，牛津大學出版社 (Oxford University Press) 於 1996 年出版。

在火星溫暖潮溼時期，兩極邊緣的冰可能再融化，以液態水方式花上幾百萬年的時間，從地下再滲回赤道帶，完成火星水的循環週期。

目前，火星兩極地帶冰堅如岩，在地表數公尺下，穩如泰山，紋絲不動。高緯度冰則有軟化現象，造成宏觀地形的變化。火星露出底牌告訴人類，在高緯度的冰別來無恙，健在如昔。在赤道帶，軟化現象消失，證明地下冰早已人去樓空，杳如黃鶴。

火星目前的水，是鎖在地下冰層中，但水的循環因低壓阻梗，只是個單行道：赤道帶的冰往兩極輸送，一去不復返。在目前情況下，赤道帶愈來愈乾。

在地球上，海水經由日光蒸發，雨、雪回收，河川奔流入海，水的循環神速。宏觀上又有板塊運動、火山活動，釋放各類鎖在固體礦物質中的結晶水，維持液態水的定量供應。地球是生命的天堂。比較起來，火星水的循環以地層下冰的軟化速度進行，時間慢得近於停擺。若真有依賴水為生的火星生命，生命脈搏也是幾億年才跳動一下嗎？

新的發現

2000 年 6 月 23 日，一則發自美國的新聞，引起了世界轟動。

這條美國航太總署發布的消息說，「火星全球勘測衛星」從 1999 年起開始發現許多類似排水溝渠 (gully) 的結構，密集分布在 30 度以上高緯度的隕石坑壁上，可能是火星液態水現形的證據。

　　最令人震驚的是，這些溝渠的分布面沒有隕石碰撞痕跡，不像上面提到的各種混亂地形，總與大小不一的隕石坑同時出現——換言之，隕石坑是混亂地形形成後的事件，混亂地形比隕石坑年齡來得大。

　　沒有隕石碰撞痕跡，就表示這些溝渠的地質年齡輕，可能發生在最近的幾百萬年內，甚或可近至「昨天」。

　　發布的新聞中，包括了十幾個這類散布在火星各個角落，緯度在 30～70 度的排水溝渠的照片，鑑別率高達一輛吉普車的大小。圖 8-12 的隕石坑，直徑 12 公里，位於南緯 37.4 度、西經 168 度，遙望南極方向的劉歆隕石坑。照片顯示出隕石坑的西北象限，寬 4 公里、長 8 公里，太陽由圖左北方射入。數十條在隕石坑背陽面的排水溝渠，由隕石坑上緣向坑底奔瀉而去，清晰細緻。有些中途會合，並有數個在終點形成明顯的「三角洲」，然後逐漸消失。

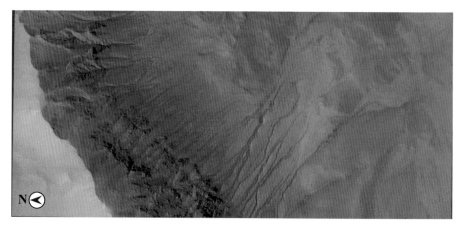

▲ 圖 8-12　「火星全球勘測衛星」拍攝到的近代火星地下液體噴出地表形成排水溝渠的照片。(Credit: Malin Space Science Systems/NASA)

整個排水溝渠面沒有任何隕石碰撞遺痕，是火星最年輕的地貌結構。有些專家認為，這些溝渠形成在近代地質期 (geologically recent)。

據我們的理解，火星地表目前的氣壓太低，水只能以冰的狀態出現，在地底高壓處才是液態水集中之地。在近代地質期，液態水在火星地表已不可能現形。

但這些眾多類似排水溝渠的結構，無疑地是液態水沖出的現場證據，我們如何解釋這些表面上看來相互矛盾的現象呢？

這些溝渠存在的地理位置，有著另一個更奇怪並且異常突出的共同特點：它們都位於高緯度隕石坑的背陽面。這個特點可能向我們提供了一個強烈的暗示。

我們目前肯定火星高緯地下有冰。幾百公尺深的地底，壓力增高，可能有液態水。液態水要沖出地表，得先破冰而出。隕石坑周壁的地下水，因大量的泥沙已被隕石崩走，離地表較近，封住水的冰層較薄弱。

先從向陽面說起。「向陽草木先得春」，向陽面較溫暖。隕石坑的向陽面封住液態水的冰，可能慢慢地融化了，導致液態水逐漸釋放。液態水一到地表，就即刻氣化進入大氣，「春夢了無痕」，在隕石坑壁留不下任何遺跡。

背陽面寒冷，冰不融化，但被冰封的水，因某種地質變化，壓力陡增。高壓下的水破薄冰而出，其中部分的水急速氣化，剩下的以爆炸般的衝力向坑底狂瀉，切出條條排水溝渠，夾帶泥沙，沉積在水流盡頭，形成三角洲。

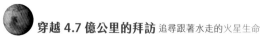

這些解釋，符合人類所知的物理原理，但大自然會這麼做嗎？這則火星地表液態水現形新聞的強大震撼力，足以使美國航太總署的新火星探測計畫起死回生，走出「火星氣象衛星」和「火星極地登陸者號」慘重失敗的陰影，到 2003 年再以完整的梯隊，全力出擊。

這些水源寶地，將加速帶領人類尋得火星生命。

跟著水走

從「維京人號」1976 年登陸火星起算，人類痴情地在火星地表尋找生命，但火星生命音訊杳然，了無回應。

到了 21 世紀初，人類回顧過去近 30 年的研究歷程，整理出一個嶄新概念：生命一定得和液態水共存。要想找到過去甚或現在的火星生命，沒有近路可抄，唯一可執行的策略就是，跟著水走 (follow the water)！

火星地表記錄了太多過去諾亞級洪水泛濫的痕跡，人類就是想不通，怎麼現在連一滴水都找不到了？火星現在地表的平均溫度雖然在攝氏零下 65 度上下，但在赤道的最高溫也可達到攝氏 20 度，地表下又有蘊藏豐富的水冰，總該有些水冰要融化一下吧？！人類認真使用絕大部分每 780 天開放一次的火星發射窗口，花下大筆寶貴經費，不斷地向火星運送最先進的科學儀器，發下毒誓，找不到液態水，絕不罷休！

　　21 世紀新火星探測策略，就是「跟著水走」的計畫。策略的核心儀器（圖 8–13）包括：

a. 2004 年 1 月登陸火星的「精神號」(Spirit) 和「機會號」(Opportunity)；

b. 2006 年 3 月 10 日進入火星軌道的美國新一代「火星勘測軌道飛行器」；

c. 2008 年 5 月 25 日登陸近火星北極的「鳳凰號」(Phoenix)；

d. 2012 年 8 月 6 日登陸火星的美國「火星科學實驗室」(Mars Science Laboratory) 和「好奇號」(Curiosity) 新型漫遊車；

e. 2018 年 11 月 26 日登陸火星的美國「洞察號」(InSight) 實驗室。

f. 2021 年 2 月 18 日登陸火星的美國「毅力號」(Perseverance) 漫遊車。

g. 2021 年 5 月 15 日登陸火星的中國「祝融號」漫遊車。

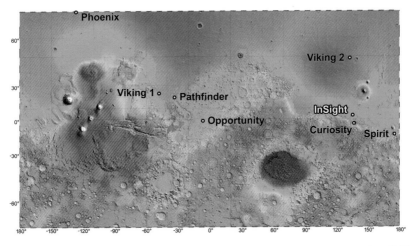

▲ 圖 8–13　人類登陸火星最給力的幾架探測儀器在火星地表的分布圖。新一代儀器的主要目的是實現人類「跟著水走」的 21 世紀火星探測策略。(Credit: NASA/ JPL)（註：「毅力號」和「祝融號」著陸地點，請見圖 12–14）

2006 年美國新一代的「火星勘測軌道飛行器」，開始以超高解析度巡視火星地表溝渠痕跡，為 21 世紀的探測小車尋找最理想的登陸地點。圖 8–14 就是它的「高解析度成像科學設備」在 2014 年拍攝的火星溝渠照片，解析度約 0.3 公尺，高出圖 8–12「火星全球勘測衛星」的解析度近 5 倍。

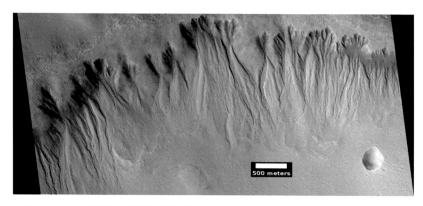

▲ 圖 8–14　「高解析度成像科學設備」拍攝的火星溝渠照片，高出圖 8–12 的解析度近 5 倍。(Credit: NASA/JPL)

　　這類高解析度照片仔細地為「火星科學實驗室」提供了「跟著水走」的最佳降落地點。「火星科學實驗室」攜帶的「好奇號」，是目前人類送上火星最大的一架新型漫遊車，大小有如一輛吉普車。負責研發、操作和管理這項計畫的加州理工學院噴射推進實驗室，都會留有一架和飛行組件完全相同的工程組件，以備在數億公里外火星上的任何儀器發生故障時，在地球這邊有個一對一維修它的參考備用機件。

　　「好奇號」淨重 899 公斤，2012 年估值，造價加操作費用為 25 億美元，為等重黃金價格的 60 餘倍。

　　2012 年 12 月，「好奇號」剛開始在火星地表運作，作者應 JPL 主任伊拉其 (Charles Elachi, 1947 ～) 的邀請，參觀拜訪了「好奇號」地面工程組件實驗室。在地球上的地面工程組件每天要做的事，就是亦步亦趨地跟著火星上「好奇號」做每個動作，最好完全同步。在地面組件運作的過程，因為移動原因，組件多少都會累積一些靜電荷，所以，如因操作維修原因，非得要觸碰這個比同重量黃金還要昂貴數十倍的儀器，負責的工程人員就得使用掛在脖子上那條 1 公尺多長的放電導線，程序是先把導線的一端緊扣在手腕上，再把另一端扣在貴重的電子儀器的地線上，如此這般，儀器和身體的電位就平衡了，此時再去觸碰這個珍貴的工程元件時，就能保證做到保護電子儀器不受傷害。訪客如作者，在和負責的工程人員討論時，就最好把兩手深深地插在口袋裡，以免闖禍（圖 8–15）。

▲ 圖 8–15　作者參觀拜訪了「好奇號」地面工程組件實驗室。(Credit: NASA/JPL)

　　「好奇號」在火星上鑽鑽挖挖，竟然在「蓋爾隕石坑」(Gale Crater) 附近找到了一氧化錳 (MnO) 類的礦石。以地球經驗，只有在氧氣成分充沛的大氣下，錳才可能被氧化成一氧化錳。所以，火星過去可能有過氧氣豐富的大氣。更厲害的是，「好奇號」又緊接著在火星地表發現了高氯酸鈣 [Ca(ClO$_4$)$_2$]、高氯酸鎂 [Mg(ClO$_4$)$_2$]、高氯酸鈉 (NaClO$_4$)、氯化鎂 (MgCl$_2$)、氯化鈉 (NaCl) 和硫酸鎂 (MgSO$_4$) 等多種類鹽分。

　　甩出了這麼多礦石和鹽的化學成分，到底有什麼用呢？

　　人類從上世紀 70 年代起，以為一登陸火星，土一挖，放到營養液中一培養，火星的細菌生命就會活蹦亂跳地現形，向人類擠眉弄眼拉攏關係。人類花下接近天文數字的科研學費，終於痛苦地理解到事情不那麼簡單。火星的環境異常詭譎，尋找火星生命之路漫長，要一步一腳印去尋找，才有達陣的可能。

　　以地球經驗，生命一定得和液態水共存。溶有氧氣的液態水更為關鍵，是火星細菌最需要的生命環境。所以在這裡得提出兩個問題。第一，火星現在或過去曾經有過液態水嗎？第二，火星現在或過去如果曾經有過液態水的存在，那水中能溶有足夠的氧氣來支持細菌生命的存活、繁殖、演化嗎？

　　從火星軌道上取得的高解析度圖像看來，火星有如圖 8-12 和 8-14 的溝渠分布，甚為常見，如發生在地球，肯定是洪水沖出來的無疑。並且這些圖像只偶爾包括少見的隕石坑，不像水星和月球表面被隕石撞得密密麻麻，記錄的是古老地質年齡。火星的溝渠異常年輕，年輕到甚或發生在「昨天」。前面章節也細說了火星地質

軟化的來龍去脈。火星地下水冰蘊藏量豐富，所以，火星地下的水冰，只要再加一點點助推，液態水就可能呼之欲出！

助推力量就來自「好奇號」在火星地表發現的各種鹽分。冬天我們在結冰路面撒鹽，可強制把水的冰點降到攝氏零下 18 度上下。加鹽使水的冰點降低，直覺上很容易理解。水分子想要手牽手整齊排成冰的晶體結構，現整齊秩序被擠進來的鹽分子打亂，水分子只得往更冷的方向走，水分子之間才能更有親和力完成結晶共業。所以，有鹽分進來攪局的水分子可以在正常冰點下維持液體狀態。

現在，火星上發現的高氯酸鈣、高氯酸鎂和高氯酸鈉等鹽分，能使火星上水的冰點降到零下幾度呢？

火星目前的繞日自轉軸傾角為 25.19 度，和地球的 23.5 度不相上下。而目前的均溫為攝氏零下 65 度，赤道高溫可高達攝氏 20 度，極地低溫可達攝氏零下 153 度。火星不像地球，有個巨大的月球衛星來穩定自轉軸傾角，所以火星在過去或未來的地質年代，自轉軸的傾角變化較大，由 0～90 度的轉變都有可能，所以，火星每一時期的高溫和低溫，會因自轉軸傾角的變化而改變。在過去 2 千 5 百萬年至未來 1 千萬年內，火星表面溫度極限的變化，以數學模型估計應在攝氏負 150 至 20 度之間，和目前火星溫度極限略同。

先回答上文提出的第一個問題，即火星現在或過去曾經有過液態水嗎？因火星高氯酸鈣等鹽分的發現，理論上可以使火星的水在攝氏零下 118 度仍然能維持在液態水的狀態。現在我們瞭解這些火星上鹽的厲害了吧！所以不管火星的自轉軸傾角為何，在火星過去

和未來的幾千萬年內，火星的水冰，除了一部分極冷的地區外，因這些鹽分的存在，可以和這些鹽分混在一起，以液態水狀態存在，應不成問題。在 2015 年 9 月 28 日，美國航太總署以「火星勘測軌道飛行器」所收集的資料，確認火星地表或地表下有液態鹹水流動的痕跡。

「好奇號」在火星上發現了這些重要的鹽分，導致火星的水冰能夠以冷到攝氏零下一百多度的鹹水狀態存在。科學家在 2018 年的 12 月發表的這個結論，大概夠資格成為人類過去 40 多年從「維京人號」火星探測以來最重大的發現和成就！

成就雖然耀眼輝煌，但對尋找火星細菌生命的「溫床」環境，還只是起步而已。只是起步的原因簡單易懂，因為細菌除了需要液態水進行新陳代謝外，還需要足夠溶在水中的氧分子供應關鍵的生命化學反應，才能存活、繁殖、演化。現在的火星大氣稀薄，氧氣成分只是稀薄大氣的 0.145％，可謂少上加少，氧分子難尋。幸運的是，「好奇號」在火星上發現了一氧化錳，所以我們可以猜測火星過去可能曾經有過豐富的氧氣，現在這些氧分子鎖在某些礦石中，在合適的物理化學條件下，可以使用。我們現在就善待一下自己，假設火星上氧分子來源無礙，只針對目前的問題，即水冰和鹽一混，變成液態鹹水，水中鹽分太多，把液體中「溶」納氧的空間可能都擠光了，那氧又如何能溶入鹽分幾乎飽和的鹹水裡呢？

現在我們可以回答上面提出的第二個問題了，即火星幾近飽和的液態鹹水中能溶有足夠的氧氣來支持細菌生命的存活繁殖演化嗎？如上所言，因「好奇號」在火星上發現了一氧化錳，證明火星過去曾經有過豐富的氧氣，所以，我們可以說，只要火星上有液

態水，火星過去地質年代存在的氧分子溶入鹹水中的可能性很大。但這個溶入，基本上是個「拔河賽」，也就是說，鹹水的含鹽量愈高，鹹水中的外來鹽客愈擁擠，氧氣分子要想擠進來，就更困難。但鹹水中的鹽分高，鹹水的溫度就愈低，物理定律說，低溫鹹水比高溫鹹水可容納更多的氧分子。所以，鹽分高的低溫鹹水基本上可以讓氧分子在鹹水中多搶出溶入的空間，如此這般，雙方拔河競賽酣戰不休。

　　我們可以想像，火星細菌生命在含氧量夠的低溫鹹水中繁殖演化，它一定是生存在極端惡劣的環境之下，有如下一章圖 9-1 標出的地球嗜熱古菌一樣，也是極端微生物類 (extremophiles)。但火星細菌生命的生存環境無熱可尋，反而可能完全相反，它一定得嗜酷寒。這是新世紀火星生命探測的革命性理解，再一次照亮了人類尋找火星生命的道路。

09

生命從天上來

✦ 對火星的妄想

人類從未放棄在火星上尋找「外太空生命」的希望。赫歇爾以火星自轉軸的傾角，認為火星和地球一樣，存在春、夏、秋、冬四季。18 世紀的人類通過望遠鏡，看到火星地表顏色時有變化，推論火星有綠色植物季節循環，生生不息。20 世紀初，羅威爾以他豐富的想像力，為火星譜出 500 條「運河」。

在「水手四號」飛越火星前夕，好萊塢已製作了 6 部火星科幻影片，並在 1964 年推出《魯賓遜火星飄流記》(*Robinson Crusoe on Mars*)：魯賓遜的太空船在火星撞毀後，遇到火星奴隸星期五，歷盡千辛萬苦，才共同逃離火星。

但「水手四號」發現火星竟然像月球一樣，是一片乾冷死寂的世界，無情地粉碎了人類的幻想。4 年後，「水手六號」看到了自然河道的跡象，火星又借屍還魂，由敗部復活，再次成為有生機的行星。「水手九號」進入火星軌道後，偵測到巨大的火山群、大片混亂地形、洩洪道和河道河谷，顯示火星有過劇烈的火山活動，和比地球大過百倍的諾亞洪水。於是人們相信，火星曾經擁有大量的水，火星一定有生命！

人類再次全力出擊，20 世紀 70 年代中期，「維京人號」帶著地球般切期望登陸火星，直接從土壤中檢驗火星細菌生命的存在。結果發現火星清潔溜溜，地表沒有生命，連有機物質都沒有！

✦ 「維京人號」的啟示

以人類現在掌握的火星知識評估，「維京人號」能找到生命的可能性極微。水是公認的生命工作液體，但火星大氣稀薄，液態水

在地表無法存在。生命建築在有機物質上，然而火星沒有臭氧層，強烈的紫外線長驅直入，使土壤呈現超氧化狀態，能迅速有效地分解、破壞全部有機物質。以地球經驗，即使生命能耐高溫、酷寒、低壓、無氧、高鹼、超鹹，但就是無法抗拒高輻射能量。輻射能打入細胞內層，擊斷結構精細複雜的遺傳基因長鏈，扼殺了生命複製演化的契機。目前火星地表生命，應已是被「三振出局」。

「維京人號」後，人類對尋找火星生命的思維，發生了基本變化。火星在形成後的 10 億年中，與地球自然環境應該十分類似，水源、地熱豐富。太陽系隕石風暴在 38 億年前結束。在此以前，每次隕石碰撞，都如上億噸級的核彈爆炸，對生命起源有狙殺和「消毒」的力量。隕石風暴前後，火山活動頻繁，噴出大量水氣、二氧化碳、甲烷等氣體。這些氣體既能維持大氣壓，又能吸收日光能，進行溫室效應循環，維持大氣溫度。

地球上最古老的生命在 35 億年前就已經存在，地點在南非和西澳大利亞，顯示地球細菌生命在隕石風暴停止後，短短的 3 億年內就已粗具規模。火星在這段時期，應也是溫溼環境，生命也可能產生。生命一旦開始，樂觀的看法是，生命就能頑強地適應逐漸變為惡劣的自然環境，在有水和食物的地點，繼續存活下去，甚或進入長期冬眠潛伏，等待適當時機，復甦繁殖。

如果火星的生命早已作古，我們仍可集中精力，尋找火星生命化石。

胺基酸是生命的化學基礎。胺基酸由簡單變為複雜，演化到一定程度，DNA 就能開始複製，邁出生命的第一步。火星的自然環境，可能從 38 億年前就開始每況愈下，胺基酸生命發展之路受

阻，火星生命在未成形前可能就胎死腹中。即便如此，胺基酸分子
的化學演化過程，在火星上仍可能留下蛛絲馬跡。在地球上因地表
的腐蝕、地球生命的新陳代謝和板塊運動，這類的化石紀錄已不復
存在。因此，如果能在火星找到這類化石，價值自是無比珍貴。這
是人類尋找火星生命的主要動機之一。

　　「維京人號」給人類一個明確的啟示：火星生命即使存在，也
不會生存在地表。火星生命需要一定地層厚度過濾紫外線，保護遺
傳基因。其他基本要求是，地下生命得接近水源和有機化學食物供
應站。但火星目前生命環境惡劣，有能符合這些要求的伊甸園嗎？

生命伊甸園

　　地球混沌初開時，大氣成分很可能是二氧化碳、氮、水氣等。
隕石風暴過後，火山活動活躍，硫磺濃湯漫流，地表灼熱，閃電頻
頻，離氧氣現世尚有 10 億年。這極可能是地球生命伊甸園的寫照。

　　我們現在賴以生存的氧氣，是很久以後綠色細胞光合作用的賜
予。目前地球大氣中的氧處於一個不穩定的平衡狀態，好像小孩子
玩的陀螺一樣，要不停地轉，轉動一停止，陀螺就倒下。維持大氣
中氧氣「打轉」的是綠色生命。如果有朝一日，人類將地球生態平
衡破壞殆盡，把綠色生命全殺光，作者保證，氧很快就會從地球上
消失。

　　地球生命的伊甸園，這個人類老祖宗誕生的地方、地球所有生
命的發源地，並沒有氧氣。今天絕大部分地球生物，皆無法在那
個環境生存。以目前的眼光來看，地球生命起源於一個異常惡劣的
環境。

在那個異常惡劣的環境，生命仍然開始了，對人類最寶貴的氧氣，顯然一點都不重要，那到底什麼是生命起源最重要的因素呢？

以地球經驗為例，應該是水。水能溶解各類化學物質，使分子能親密接觸，進行化學反應，製造生命所需蛋白質，並能運輸養分，排泄廢物。更重要的是，水能被分解成氫離子 (H⁺) 和羥基 (OH⁻)，直接參與生物化學分子反應，成為生命不可或缺的一部分。別的液體能代替水嗎？

土星的土衛六有石油類海洋；海王星的海衛一 (Triton) 有液態氮海洋和甲烷陸地；別的行星也可能有硫酸、氨氣、酒精、液態甲烷等海洋。這些液體參與基本生命化學反應能力有限，更談不上參加製造複雜的蛋白質和遺傳基因了。

宇宙間水的存量豐富，專家的共識是：宇宙間所有生命都應以水為工作液體。離開水，生命就無法起源和演化，以「水淋淋」來形容生命核心組織環境，最恰當不過。生命一定需要陽光嗎？表面上來看，依賴光合作用生存的綠色生命，是地球食物鏈的基層，任何吃綠色生命的生命，都靠陽光而活。但地球上有些厭氧甲烷細菌，能在絕對黑暗的環境下，以氣態氫和二氧化碳合成有機物質，維持生命。另一種厭氧嗜硫菌，以硫磺、氫、二氧化碳製造有機食物過活。這些細菌雖然不接觸日光，可是它們所用的氫氣，是由別的綠色生命腐爛後供給，嚴格說來，還是依賴日光能。

但氫氣在宇宙間到處都有，不一定非靠腐敗的綠色生命供給不可。所以，結論是生命不一定需要陽光。

維持生命，一定需要水，但不一定需要陽光。沒有陽光，生命也能起源、演化。

　　液態水是生命的先決條件,其他都是次要的。地球液態鹹水的溫度,在南極洲可低至攝氏零下 30 度;深海熱泉,則可高達攝氏 350 度。地球生命實際存活的溫度,在攝氏零下 30 度到攝氏 140 度之間。

　　火星大氣稀薄,紫外線太強,生命必須生活在地下,見不到陽光。以地球經驗,這不是致命傷。如果火星有液態水,生命存在的可能性將會大大增加。

✦ 最古老的生命

　　以目前人類擁有的火星知識推測,如果火星曾經有過生命,種類可能與地球最古老的生命接近。

　　什麼是地球最古老的生命呢?我們幾乎可以想像地球生命起源時的環境:無氧、地表熾熱、火山活動頻繁、甲烷廣布、硫磺濃湯漫流。如果生命在這種條件下起源,那最古老的細菌,也就是人類和所有地球生物的老祖宗,必得有耐高溫、厭氧、喜硫磺和甲烷等的古怪個性。

　　人類對地球生命的認識和分類,經過好幾個重要階段。18 世紀時,人類把生命分成動物和植物兩大類。這種分類法顯然過於粗糙,有些擁有葉綠體的單細胞生物,能蠕動或用鞭毛游動,它們究竟是動物還是植物?而真菌類一向被歸入植物類,但它卻無葉綠素。於是有一陣子,地球生命就被分成動物、植物、原生生物三大類。直到 20 世紀初,細菌分類學有了長足的發展,才將有核細胞生物(真核生物,包括動物、植物、真菌、原生生物)和無核細胞生物(原核生物)的細菌分開。

　　細菌雖然一般以形狀分類，如桿菌、球菌和螺旋菌等，但這種分類無法建立起它們之間的親緣關係，在當代是一件頭痛而無法解決的問題。一直到 20 世紀 60 年代，基因工程技術出籠，生物物理學家渥易斯 (Carl Woese, 1928～2012) 認為，核糖體核糖核酸 (ribosomal ribonucleic acid, rRNA) 排列順序保存了久遠的生物演化紀錄，並且這種排列順序變化緩慢，容易追尋親緣關係。他以這種排列順序為準，決定出各類細菌間的親疏遠近，發現總稱的細菌中含兩類截然不同的細菌，他分別命名為細菌和古菌兩大類。加上動物、植物、真菌、眼蟲、微孢蟲等所屬的真核生物，終於完成目前完整的生物三界說的生命親緣樹（universal phylogenic tree，圖 9–1）。

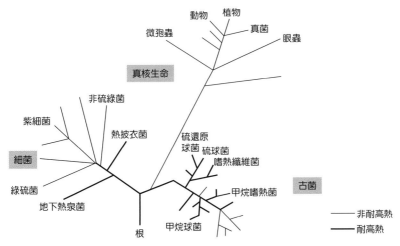

▲ 圖 9–1　渥易斯在 1977 年底發表了地球生命親緣樹。

渥易斯在 1977 年底發表的古菌域發現，是一項劃時代的成就。當作者第一次看到古菌所涵蓋的各類細菌時，的確被震撼了一下。古菌類皆厭氧，含甲烷嗜熱菌 (methanothermus)、甲烷球菌 (methanococcus)、嗜熱纖維菌 (thermofilum)、熱網菌 (pyrodictium)、硫還原球菌 (desulfurococcus)、硫球菌 (sulfolobus) 等，幾乎就是想像中伊甸園裡該有的生命。另外，生命樹根的所在，雖然還沒有完全確定，一般認為應在古菌樹幹的下面。

　　地球最原始的生命似乎是厭氧嗜熱菌，生活在攝氏 90 度以上的環境，使用硫、氫、二氧化碳等地質化學能量生長繁殖。如果溫度低於攝氏 80 度，則生長停止。所以，地球所有生物的祖宗，應是依賴化學合成能量、居住在熱泉裡的古菌。生命一旦開始，就能適應外界逐漸變化的環境。環境如果變得實在無法忍受，有的古菌就停止一切生命機能，進入亙古冬眠，等待佳機復甦。1992 年，美國國家研究委員會 (National Research Council, NRC) 報告，一個嗜鹽古菌 (halophiles) 冬眠 2 億年，經實驗室培養後，恢復生命活力❶。南柯一夢數億年，生命頑強力可見端倪。

　　古菌域的發現，使人類對生命的看法煥然一新。生命原來可以適應那麼多種極端的自然環境，只要給予一線生機，生命就能蓬勃發展。我們對生命重新樹立起了更崇高的敬意。

---

❶ *"Biological Contamination of Mars,"* National Research Council, National Academy Press, Washington, 1992.

地球古菌類的發現，照亮了人類探測火星生命的道路。地球古菌類的生活習性，能告訴人類它們起源時的生命環境。那種環境可能與火星 35 億～38 億年前時相差不遠。火星那時也有水、火山活動及熱泉，地球能發展出生命，為什麼火星不能？

✦ 隕石使節

1984 年 12 月 27 日，美國航太總署在南極洲的艾倫嶺 (Alan Hills, ALH) 附近，發現了一塊隕石，長 15 公分、寬 8 公分，重約 2 公斤。

南極洲大陸整年酷寒，即使在一月盛夏，溫度也僅在攝氏 0 度徘徊；隆冬溫度可低到攝氏零下 100 度。南極洲雪量極少，基本降雨量猶如沙漠。陸地上冰層厚達 2 公里，雪稀風勁，冰面無堆雪，冰層呈現幽幽藍光。橫跨南極洲的山脈破冰而出，造成一段長達數千公里的斜坡，一望無際，向海岸線延伸而去，形成淺淺的冰谷。

墜落在這片廣大冰面的隕石，猶如進了消毒冷凍庫。奇妙的是，當冰層熱脹冷縮時，發生輕微振動，會將隕石向谷底集中，於是谷底就成為世界上最大的隕石聚寶盆。

每年美國航太總署都在谷底尋找由各行星來的隕石，在 1984 年夏季，就發現了 300 餘塊。艾倫嶺隕石在南極光照射下呈綠色，很特別，在發現者史蔻兒 (Score) 的心目中留下深刻的印象。返美後，她就將這塊隕石命名為艾倫嶺 1984 年 1 號，編號 ALH84001，在當年搜集的 300 多塊隕石中拔得頭籌。

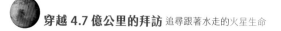

　　隕石在世界各地的降落量很平均，但降落在南極洲的，因乾燥酷寒、感染低，保存狀況最佳，是各國尋找隕石的寶庫。

　　ALH84001 經初期鑑定，認為是由 4 號小行星灶神星（Vesta，第三大的小行星，直徑 504 公里）來的，沒有太高價值，就被冷藏歸檔。

　　9 年後，在一個偶然機會，ALH84001 被人從冷藏庫調出，與其他隕石做成分對比研究，發現 ALH84001 中含三價氧化鐵和二硫化鐵，成分與其他已知的 11 塊火星隕石接近。「維京人號」後，我們已知道三價氧化鐵和二硫化鐵是火星紅色土壤成分的特色。但這單項數據，無法構成這塊隕石是由火星來的「現場證明」，還需要別的證據。

　　太陽系每個行星的大氣成分不同，大氣中各類穩定同位素的比例也各異。隕石形成時，都含有密封的小空間，保存著所在地特有大氣成分的出生證明。測量隕石所含氣體穩定同位素間的比例，也就成為鑑定隕石起源地最直接的方法。在第六章「火星風貌」火星 DNA 一節，作者已列出火星大氣中幾個穩定同位素的比例，如火星氙 129 對氙 132 的比例是地球的 2.5 倍；氬 40 對氬 38 為 10 倍；氮 15 對氮 14 為 1.6 倍。這些數值是火星的遺傳基因、指紋，經得起最嚴格的科學「法庭」審判。

　　ALH84001 由幾個著名實驗室測量結果，穩定同位素的比例與火星大氣比例相同，因此證實了 ALH84001 是由火星來的。

✨ 21 塊隕石

地質學家簡稱由火星來的隕石為 SNC。SNC 的發音如「思尼克」，由最早 3 塊火星隕石降落地點的地名 (Shergotty、Nakhla、Chassigny) 首字母組成。到 2001 年 1 月為止，包括 ALH84001 在內，人類總共搜集了 21 塊火星隕石 ❷。最早的一塊於 1815 年在法國發現，最晚的一塊於 2000 年 1 月在阿曼 (Oman) 發現。

在這 21 塊火星隕石中，其中 6 塊來自南極。9 塊重量低於 1公斤，10 塊重量在 1～9 公斤之間，剩餘 2 塊較重，分別為 10 公斤和 18 公斤。那塊 10 公斤的隕石，在 1911 年 6 月 28 日降落在埃及的一個小鎮那克拉 (Nakhla)，沒傷到人，但砸死了一隻狗。

所有火星隕石的成分如玄武岩，由火山熔漿形成。科學家由其中穩定同位素間的比例，驗明它們的出生地都是火星。表 9–1 依照發現時間前後，列出這 21 塊於 2000 年以前發現的珍貴火星隕石。

火星隕石目前的市價為每克 1,000 美元，約為黃金價格的 100倍。1999 年鑑定的洛杉磯 001 號和洛杉磯 002 號兩塊火星隕石，早在 1979 年即於美國莫哈維沙漠 (Mojave) 發現，發現者沃利緒 (Robert S. Verish, 1949～) 以 25 克隕石的代價，議妥由加州大學洛杉磯分校實驗室驗明正身。

除 ALH84001 外，其他隕石的年齡多在 1.7 億～13 億年之間。那 ALH84001 的年齡有多大呢？

---

❷ 至 2019 年 1 月為止，在地球搜集到的火星隕石已達 224 塊，有興趣的讀者請參閱 https://en.wikipedia.org/wiki/Martian_meteorite

▼ 表 9–1　2000 年以前發現的 21 塊火星隕石

隕石名	發現地	發現日期	重量（克）
Chassigny (C)	法國	1815 年 10 月 3 日	～4,000
Shergotty (S)	印度	1865 年 8 月 25 日	～5,000
Nakhla (N)	埃及	1911 年 6 月 28 日	～10,000
Lafayette	美國	1931 年	～800
Governador Valadares	巴西	1958 年	158
Zagami	尼日利亞	1962 年 10 月 3 日	～18,000
ALHA77005	南極洲	1977 年 12 月 29 日	482
Yamato793605	南極洲	1979 年	16
EETA79001	南極洲	1980 年 1 月 13 日	～7,900
ALH84001	南極洲	1984 年 12 月 27 日	1,939.9
LEW88516	南極洲	1988 年 12 月 22 日	13.2
QUE94201	南極洲	1994 年 12 月 16 日	12.0
Dar al Gani735	利比亞	1996～1997 年間	588
Dar al Gani489	利比亞	1997 年	2,146
Dar al Gani476	利比亞	1998 年 5 月 1 日	2,015
Dar al Gani670	利比亞	1998～1999 年間	1,619
Los Angeles001	美國	1999 年 10 月 31 日	452.6
Los Angeles002	美國	1999 年 10 月 31 日	245.4
Sayh al Uhaymir005	阿曼	1999 年 11 月 26 日	1,344
Sayh al Uhaymir008	阿曼	1999 年 11 月 26 日	8,579
Dho far019	阿曼	2000 年 1 月 24 日	1,056

✦ 定　年

　　決定隕石的年齡，一般以放射性同位素的半衰期 (half life) 為尺度來測量。一種原子的各個同位素，所含中子數目不同，但質子數目固定。原子的化學特性（在週期表上的位置）皆由質子數（或外圍等數的電子數）來決定。

　　放射性同位素與穩定同位素不同。穩定同位素形成後，中子和質子數目不再變化，在週期表上位置不再變動。放射性同位素則不然，中子可衰變成質子和電子（中子比質子重），使它變成週期表上別種元素。例如碳有穩定同位素碳 12（6 個質子、6 個中子）和碳 13（6 個質子、7 個中子），碳 14（6 個質子、8 個中子）則為放射性同位素，可衰變成穩定同位素氮 14（7 個質子、7 個中子）。

　　在一大堆放射性碳 14 原子核中，一半原子核衰變成同位素氮 14 所需要的時間，稱為半衰期。放射性碳 14 的半衰期為 5,730 年。舉個例子，活的樹木放射性碳 14 的含量不停更換，但與別的同位素比例仍維持不變。樹死後，放射性碳 14 來源枯絕，在半衰期 5,730 年內，一半的碳 14 原子（母元素）會變成穩定的氮 14 原子（子元素）。

　　在一塊木材化石中，如果我們量到碳 14 這母親原子數與氮 14 這兒子原子數目一樣，就能肯定地說，這塊木材已經死了 5,730 年。如果兒子原子數是母親原子數的 3 倍（即母親原子數只剩下 $\frac{1}{2}$ $\times \frac{1}{2} = \frac{1}{4}$；兒子原子數則累積為 $\frac{1}{2} + \frac{1}{4} = \frac{3}{4}$；子為母的 3 倍），木材年齡則為兩個半衰期，5,730×2，為 11,460 年。如兒子原子數

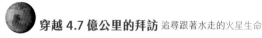

是母親原子數的 7 倍（母：$\frac{1}{2} \times \frac{1}{2} \times \frac{1}{2} = \frac{1}{8}$；子：$\frac{1}{2} + \frac{1}{4} + \frac{1}{8}$ $= \frac{7}{8}$；子為母的 7 倍），則為 3 個半衰期，5,730×3，為 17,190 年。舉一個實例：吐倫 (Turin) 布巾被認為是耶穌死後纏身的「神器」，天主教會嚴密收藏數百年，20 世紀 80 年代經碳 14 鑑定，布巾年齡僅 700 歲，是贗品。

同樣的，放射性鉀 40（19 個質子、21 個中子）衰變成穩定同位素鈣 40（20 個質子、20 個中子）的半衰期為 12.5 億年；放射性銣 87（37 個質子、50 個中子）衰變成穩定同位素鍶 87（38 個質子、49 個中子）的半衰期為 488 億年。各種不同長短的半衰期，就被地質學家拿來測定岩石、隕石、地層等年齡之用。

最出名的一塊隕石

以放射性銣 87 來測量 ALH84001，得年齡 45 億年。這個年齡比其他的火星隕石至少年長三倍多。「阿波羅」計畫中從月球取回的最古老岩石為 42 億年，地球上發現最古老的岩石為 38 億年。ALH84001 隕石 45 億年的年齡，在人類庫存的 40,000 塊隕石中屬於資歷相當老的隕石。

以放射性鉀 40 來測量 ALH84001，得年齡 40 億年和 36 億年。再換一種放射性同位素測量，又得到 1,500 萬年和 1.3 萬年的年齡。由這些以同一放射性同位素測定出兩個年齡數目字的現象，天文地質學家清楚勾勒了 ALH84001 的生命歷程：45 億年前，火星已經開始冷卻，有塊石頭形成了。在隕石如雨的年代，這塊石頭竟能安穩地過了 5 億年，才被另一個高速飛來的隕石撞了一下，石頭

一角被高熱熔化後又凝固。在熔化又凝固的部分，本來存在的小密封空間被打開，舊的母子氣體比例流失，被新鮮母親氣體取代，再密封。以專家術語形容，則是放射性計時時鐘被「歸零」，所有同位素間母子比例從頭開始。

在 36 億年前，隕石內的球狀碳化物開始形成。時間繼續往前流，到了 1,500 萬年前，一塊巨大的隕石鑽到火星地底下爆炸，把這塊石頭崩離火星，進入太陽軌道。在太空中，沒有火星大氣遮掩，大量宇宙射線打入這塊石頭，造成一些人類能以理論預測到的一些新的同位素。由這些同位素的比例，我們可以算出這塊石頭被宇宙射線打了大約 1,500 萬年。這好比一個人穿 10 層乾衣服下了公共汽車，在雨中跑步回家，我們預先知道每分鐘雨水會溼透一層，跑到家一看，溼了 5 層，我們就能算出他在雨中跑了 5 分鐘。

1.3 萬年以前，這塊隕石的軌道與地球相會，在穴居人類的夜空劃出一條美麗的軌跡，隕落在南極洲大陸。1984 年，被美國航太總署的隕石搜索隊在艾倫嶺撿到。

1.3 萬年是由宇宙射線所激發的放射性元素的衰變計算出來的。這好比衣服溼了 5 層到家，進了房間，雨水不再往衣服上淋，衣服開始逐漸變乾。我們預先知道每乾一層需一小時，如果只乾了 3 層，就算出我們已到家 3 個鐘頭。隕石進入大氣後，宇宙射線被擋住，1,500 萬年中激發出來的放射性元素比例不再增加，反而開始衰變，由母親和兒子元素間的比例，就可算出 1.3 萬年。

「維京人號」探測過後，各類數據顯示，火星在 35 億年前與地球自然環境相似，地表溫溼，火山活躍，硫磺漫流，古菌也應有機會起源、演化。其他所有火星隕石，年齡在 1.7 億～13 億年

間，太年輕，夠不著 35 億年前火星生命可能活躍時期。現在，ALH84001 竟然涵蓋了那個久遠的生命起源年代，它的科學價值即刻直衝雲霄，成為超級巨星、人類有史以來最出名的一塊隕石（圖9–2，圖 9–3）。

▲圖 9–2　1984 年 12 月 27 日，美國航太總署在南極洲的艾倫嶺附近，發現了一塊隕石，長 15 公分、寬 8 公分，重約 2 公斤，編號 ALH84001。(Credit: NASA)

▲圖 9–3　鋸開後的 ALH84001 以放射性鉀 40 測量，得到的年齡至少為 36 億年，涵蓋了生命起源年代，它的科學價值即刻直衝雲霄，成為人類有史以來最出名的一塊隕石。(Credit: NASA)

✧ 生命跡象

要決定一塊隕石內是否含有生命，首要之務是要隔絕地球感染。ALH84001 在艾倫嶺冰上被發現後，史蔻兒和她的七人小組先在隕石邊插上小旗，再嚴格執行使用多年、證明絕對可靠的防止感染步驟，拿出在美國已準備好了的消毒工具，將這塊隕石裝入無菌塑膠袋內，放入乾冰冷凍箱。運回美國後，再置入氮氣乾燥器脫水、庫存。以後整個化驗過程都是在無菌高真空下，由機器人執行的，隕石在發現後沒有被感染的可能性。

生命跡象可由幾個方向尋求。

最直截了當的是看到成堆的細菌在隕石深處活蹦亂跳，繁殖演化。這種情形，就如看到火星人向人類頻送秋波，或是在犯罪現場當場抓住作案者一樣，可能性極微，純屬幻想。

第二就是在隕石裡找到火星細菌殘骸，像是謀殺案發後，找到屍體。殺人案一天數起，殺人容易，屍骸難藏，找到遺屍，一般不難。

第三是看到生命留下的痕跡，如大軍過夜，安營紮寨，埋鍋造飯，洗澡如廁。離境後，廢壘空壕，狼藉一片，遺跡清晰易察。

最後就是尋找生命賴以生存的有機物質環境。有機物質不代表生命，但生命一定得與有機物質共存，有機物質的存在是生命存在的強力旁證。

ALH84001 被機器人鋸開後，在百萬倍電子顯微鏡下觀察，發現內部滿布呈球狀的碳化物，球的直徑在 100～200 微米（百萬分之一米為 1 微米）之間，是頭髮粗細的 2～4 倍。球內部呈橘紅色，外部白色，交界處有一圈黑色物質（圖 9-4）。在球黑、白

交界的外緣，有許多呈卵圓形的物體，最大的長 0.2 微米，約是頭髮粗細的 0.4％，粗 0.02 微米。大部分的卵圓形物體比這個體積還小許多，堪稱為奈米化石（nanofossils，圖 9–5，nano 為十億分之一）。

　　以放射性銣 87 來測定球狀碳化物和卵圓形物體的年齡，大部分為 36 億年，最年輕為 13.9 億年，包容了火星生命起源的年代。

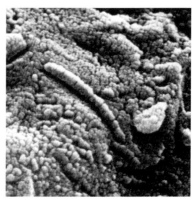

▲圖 9–4　在百萬倍電子顯微鏡下觀察 ALH84001。(Credit: NASA)

▲圖 9–5　在圖 9–4 球狀的碳化物黑、白交界的外緣，有許多呈卵圓形的物體。(Credit: NASA)

　　卵圓形物體的形狀有如人類熟知的桿菌，但體積相當於地球桿菌的 $\frac{1}{10}$。然而，形狀本身並不代表它們就是火星桿菌的屍體化石，還要有其他證據，才能使人信服。

　　進一步分析發現，在球狀碳化物內含有數種磁性礦物質，與地球各類趨磁細菌 (magnetotactic bacteria) 體內成分相似。許多生物得依賴分辨上下方向的本能，才能生存，如魚的浮鰾，使魚能淺水打食，深水逃命。自然界食物常呈上下分布，在細菌世界亦然。地

球趨磁細菌體積細小，無法以重力場區別上下，於是自身製造出一種鐵蛋白 (ferritin)，功能如指南針，藉以分辨高低方位。

在球狀碳化物內卵圓形物體周圍發現了磁性礦物質，與趨磁細菌大軍過境後留下的現場證據吻合。但這並不是唯一可行的解釋，非生物的化學反應也能形成類似環境。

反對者指出，地球細菌使用磁場分辨上下，說得過去，但火星目前地磁微弱，僅為地球的萬分之一，火星細菌為什麼要辛辛苦苦發展出一套並不十分有效的導航系統？火星的地心鐵漿，在遠古以前，不是不可能和地球一樣流動不停，產生的磁場也可能大很多，但反對者意見也言之有理。

薩根說得好：「要做驚世的聲明，必得有驚人的證據。」宣稱火星有生命是驚世之舉，但還得繼續搜集其他驚人的證據。

✨ 隕石中的驚世香味

ALH84001 生命研究小組以航太總署的麥凱 (David Stewart McKay, 1936～2013) 為主要研究員，他下一步決定過濾隕石內所有的有機物質。

有機物質的鑑定可能是整個研究計畫中最困難的一部分，主要原因是實驗樣品不能與任何化學藥品接觸。最後用的方法是以雷射能量，將表面些許物質在高真空中加熱汽化，產生離子化帶電氣體，然後在氣體兩邊加上電場。在帶電量相同的情況下，質量輕的分子在電場裡跑得比質量重的分子快，先打上電極板。從帶電量和行進時間，就能決定分子的質量與種類。這種物質定性分析技術無感染、鑑別力強。

分析結果，在球狀碳化物外緣黑、白交界處，含有數類多環芳香烴 (polycyclic aromatic hydrocarbons, PAHs)。多環芳香烴是生物材料高溫分解後釋放出的芬芳氣體，擁有「一家烤肉家家香」那種受歡迎的味道。

　　ALH84001 的多環芳香烴分子，分布在球狀碳化物內，尤其高度集中在黑、白交界的卵圓形結構附近。在地球，有生命之地，就有多環芳香烴。ALH84001 的分析結果與地球的經驗相符合。但反對的人指出，多環芳香烴也出現在沒有生命之地，如星塵、古老隕石和行星軌道間的灰塵之中。

　　在 ALH84001 隕石中發現的卵圓形奈米化石、數種磁性礦物質、多環芳香烴有機物質，並不能直接證明是火星生命活動的遺跡。但這麼多與生命活動符合的旁證同時出現，也不容忽視。

　　麥凱和他的九人小組最後決定向《Science》期刊提出 3 年來研究成果的論文報告：《追尋火星過去的生命——火星隕石 ALH84001 可能含有的生物活動遺跡》❸，並要求「祕密」評審。《Science》期刊同意了，這恐怕是科研論文發表過程破天荒之舉。

　　經過三個多月的祕密評審，《Science》期刊決定在 1996 年 8 月 16 日發表這篇論文。

　　8 月初，美國航太總署接到情報，數家媒體已探聽到此事，可能很快披露這項「驚世」祕密。航太總署快馬加鞭，即刻決定搶先於 8 月 7 日在華盛頓總部舉行新聞發布會，總部工作人員接到「請不要到現場旁聽」的通知，閉路電視將做實況轉播。

---

❸ 論文的英文題目為 *"Search for Past Life on Mars: Possible Relic Biogenic Activity in Martian Meteorites ALH84001"* David McKay et al., Science Vol. 273: 924～930，August 16, 1996.

全世界科學記者準時抵達總部後，白宮照會，克林頓總統要先公布這項消息，請航太總署稍安勿躁，將記者招待會延後一小時（圖 9-6）。當時，作者已在航太總署總部工作 9 年，這還是第一次，白宮實在忍不住了，竟會跟一個下屬部會搶風頭。

▲ 圖 9-6　美國航太總署於 1996 年 8 月 7 日在華盛頓總部舉行新聞發布會，展示 ALH84001 隕石，並公布火星隕石可能含有的生命遺跡。主要研究員麥凱坐在中央面對記者群，接受採訪。(Credit: NASA/Bill Ingall)

英國科學家在 1998 年底，發表對火星另一塊隕石 EETA79001 的檢驗結果，發現隕石內所含碳 12 與碳 13 穩定同位素間的比例，與地球生物體內相同，這又多出一項旁證。EETA79001 是 1980 年初，在離艾倫嶺不遠的大象冰磧地 (Elephant Moraine) 發現的。

目前認為，ALH84001 並未證明火星有過生命，但眾多旁證確切，不能忽視，尤其桿菌狀卵圓形物體，更需深入追蹤研究。卵圓形物體最大問題是體積太小。這麼小的結構，能支持基本的生命活動嗎？

✨ 生命體積極限

　　ALH84001 卵圓形物體發現後，美國航太總署要求國家研究委員會專題討論「極小微生物的體積極限」❹。國家研究委員會召集了18 位頂尖學者，於 1998 年 10 月下旬在華盛頓開了 3 天工作會議。一年後，向作者部門副署長提出報告，作者躬逢其盛，與會聆聽，受益匪淺。

　　這個專案小組問了三組問題：

　　第一，什麼是在地球上能觀察到的最小微生物？以地球生物化學和物理機制，從理論上推算，能小到什麼程度？

　　第二，如果外太空生命不受限於地球生物化學和物理機制，能小到什麼程度？

　　第三，人類如何能認識與地球生命形式不同的外太空古老生命？

　　專案小組對第二、三兩組問題，無法達成共識，但對第一組問題，因為有地球豐富的微生物臨床經驗，所有專家全數投票通過報告結論，達成圓滿共識。

　　人類熟悉的大腸桿菌 (Escherichia coli, E. coli) 是研究微生物體積極限絕佳的起點。大腸桿菌生活在哺乳動物溫暖潮溼、營養豐富的腸壁中，有完整的生物化學和物理機制，是一個道道地地的自營細菌生命。

　　大腸桿菌有強健的新陳代謝機能，即使在哺乳動物的體外，也能生長繁殖。它能生活在無法支持人類生命、異常稀釋的糖和鹽分

---

❹ *"Size Limits of Very Small Microorganism."* Proceeding of a Workshop, National Research Council, National Academy Press, Washington, 1998.

液體裡，甚至在液體中的糖分被醋酸取代後，也能繼續存活。這些跡象表明，大腸桿菌的結構比只求生存的細菌要複雜、豪華。

大腸桿菌一般呈圓柱狀，大小為 2 微米長、1 微米粗，約含 4,288 種蛋白質、1,200 種基因、750 種無機分子。水占總重量的 70%。

專家認為，水為生命工作液體，一般以體重的 70% 為準，減少不了。而各種無機分子的總體積與分子數目成正比，增減不易。但是，生命的各類蛋白質功能常有重複，如大腸桿菌共約有 500 萬個蛋白質分子，每類蛋白質平均有 1,000 多份複本，在營養不足的惡劣環境下，蛋白質數量應可大幅度削減。減少基因數目而仍然維持起碼的生命功能，也是允許的。

降低蛋白質和基因數量後，生命新陳代謝機能一定會隨之變慢。我們目前的標準是，生命繁殖的速度多慢都沒有關係，只要是活的就成。地球上有這類微生物嗎？

地球上的黴漿菌 (mycoplasma) 體積約為大腸桿菌的 1%，如溶尿黴漿菌 (M. genitalium)，是哺乳動物泌尿生殖道上的寄生菌，含 471 種各類基因和蛋白質，是目前專家公認的最小自營微生物。與大腸桿菌比較，它的自身生理功能幾近於「殘廢」，許多新陳代謝所需的有機分子或缺，只能在寄生的環境中蹭取，或以群居方式，互補有無。這種細菌無法單獨或脫離寄生環境生存。

根據一般觀察，地球最小的細菌類都是因適應周遭惡劣環境而變小的。近代基因工程專家一直努力在極熱或極冷地帶，尋找各類超微小菌類，作為基因工程實驗材料。

病毒 (virus) 一般在細胞內複製，脫離宿主即失去所有生命現象，不是自營個體，故不在考慮之列。結論是：地球最小的細菌類約含 450～600 種基因，使用傳統生物物理化學程序，新陳代謝能力有限，必須從寄生環境中攝取大量生命養分。

純就理論而言，當基因數降到 1 時，如果生命仍然能存在，則生命體積應為最小。但分子生物學有個中心法則：「一基因，一蛋白質胜肽鏈。」❺也就是說，如果只有一個基因，只能產生一種蛋白質，而非產生數種。只靠一種蛋白質就能維繫生命，那是難以想像的。所以，如果宇宙間真的有單基因生命細胞，則許多這類細胞必定得形成一個共生體，並且每個細胞的單基因結構不同，各自產生不同種類的蛋白質。另外還有一個重要條件，就是每個細胞的單基因能進出細胞壁，「漫遊」到別的細胞中，協助複製生命所需的各類蛋白質，互通有無，很像是一個群居的「細胞公社」。

這類單基因生命在複製蛋白質的過程中，如果一切順利，則沒問題。一旦唯一基因原版因輻射線或其他原因發生突變，則演化路途受阻，細菌生命崩潰，瞬時絕種，進而導致「細胞公社」全體滅亡。所以，遺傳基因數為 1 的生命極不穩定，兩細胞可能在發展初期就得合而為一，增加後備零件，以加強生存競爭的能力。

但如果這類單一遺傳基因生命真的存在，它的體積可能就是理論值的下限，約為直徑 50 奈米。

專家一致同意，如果外太空細菌仍使用地球熟知的生物物理化學程序，生命可小至僅包含 250～400 種基因，體積直徑應在 250～300 奈米。

---

❺ 在人類基因解讀計畫完成後，這個中心法則受到挑戰。

✦ 掀起尋找極小生命的熱潮

火星卵圓形桿狀物體，最大的長 200 奈米，粗 20 奈米，大部分的桿狀體比這個體積還小許多，與地球最小的生命比較，體積不及 1%。即使以地球理論體積下限 50 奈米直徑為依據，火星桿狀物體也不到 10%。

但火星的生命環境可能比地球惡劣 10 倍，並且火星生命也不一定要按地球的牌理出牌。目前人類尚無法定論，我們在高倍顯微鏡下看到的卵圓形桿狀物體，是否為火星生命的化石遺跡？火星生命存在與否，是目前學術界一個熱烈辯論的話題。

美國國家研究委員會的報告代表學術界傳統的看法，立場傾向保守。1993 年，科學家曾經在地球的岩石和礦物中發現奈米細菌 (nanobacteria)，芬蘭科學家偵測到在人類的血液、胎盤和腎臟中也有奈米細菌，並認為這類奈米細菌能促成腎結石。

1996 年，某石油公司在澳大利亞西海岸海床下 5 公里處，自然環境為 2,000 大氣壓、溫度介於攝氏 115～170 度之間，取得一塊沙岩樣品，年齡在 1.5 億～2 億年之間，形成期在三疊紀到侏羅紀。石油公司請澳大利亞生物學家尤溫斯 (Uwins) 檢驗。她將這塊樣品放在無氧的 1 大氣壓、攝氏 22 度的實驗室環境，以百萬倍電子顯微鏡觀察，發現一類活躍的奈米細菌，呈線狀，大小在 20～150 奈米之間，繁殖迅速。切開後，可見內、外膜壁，含豐富碳、氧、氮等生命元素。她並以著色技術確定含有遺傳基因。

奈米體積的物體，很難分辨是「生物」或是「物理」生長。一般非生物晶體材料，經由原子間的親和力也可以長成奈米鬍鬚。尤溫斯尋求各類非生物解釋，不果。1998 年底，她在《美國礦物學

家》(*American Mineralogist*) 期刊上發表了初期研究成果 ❻。接下去她就要直接決定這類奈米細菌的 DNA 序列，找出它在地球親緣生命樹上的位置。

美國國家研究委員會報告中，定出的生命體積理論下限為直徑 50 奈米。尤溫斯和其他生物學家卻一再發現比這個理論下限更小的生命，和 ALH84001 隕石中的卵圓形物體接近。但傳統學派不以為然，尚持觀望態度。

ALH84001 隕石中奈米化石的發現，掀起了人類尋找極小生命的熱潮。在地球，生命幾乎無所不在，其韌性遠遠超出我們最瘋狂的想像力。也許，生命的確在宇宙間每個角落都有。和澳大利亞西海岸海床下 5 公里處的生活環境相比，火星的地下生活條件可能並不那麼差呢！

✦ 火星生命在哪裡？

目前人類對火星生命模式，可從三方面理解。

第一方面，在火星形成後的 10 億年中，自然環境可能促成生命起源。後來環境每況愈下，生命再掙扎了十餘億年，終於全面絕種，只留下化石遺跡。

第二方面，火星生命也可能在起源後繼續演化，適應環境，深入地下水源繁殖生長，或長期冬眠潛伏，伺機再出。

第三方面，火星生命可能從未成形就胎死腹中，只留下一些胺基酸化學分子演化的蛛絲馬跡。

---

❻ *"Novel Nano-Organism from Australian Sandstone"* Uwins PJR et al., American Mineralogist, 83: (11～12) 1541～1550, part 2 Nov～Dec, 1998.

　　當然，火星也可能從頭就清潔溜溜，與生命無緣。現在如果能證明火星上沒有生命，得益者是納稅人，省下一大筆探測火星的經費。但作者保證，省下火星的錢，會加倍花在木星的衛星木衛二和木衛一上，因為它們更遠，往返更難。

　　總而言之，人類對火星生命發展史的來龍去脈，目前還處於一個相當無知的年代。這本書洋洋灑灑走筆到此，我們並不知道是否是無的放矢，或是對月空吠。我們只能臆測，如果火星現在尚有生命的話，它們最可能生存在什麼地方呢？

　　火星有巨大的火山，火山底部可能尚有餘熱，火星又有大量地下冰源，兩個條件放在一起，火星可能還有地底溫泉。溫泉環境溼熱，又可能有硫磺「糧倉」，是類似地球古菌類的生存場所，這最可能是火星細菌生命生長繁殖的溫床（圖 9–7）。

▲ 圖 9–7　火星諾亞高地 (Noachian uplands，S20/W187) 古火山，火山口直徑 8 公里，是火星細菌生命可能生長繁殖的場地。（Credit: NASA/JPL/ 李佩芸）

隕石風暴後，火星地熱豐富，大氣厚實，湖泊廣布。此時形成的湖底沉積層，如水手號谷內的深塹地層，應是細菌生命的最愛。現在雖然早已物換星移、海枯石爛，但仍應該是化石細菌生命的藏匿之地。

火星開始冷卻後，永凍層逐漸形成。但火星沒有巨大的衛星來平衡自轉軸，自轉軸每 50 萬年會有 60 度的變化。永凍層底部會有赤道液態水流入，以理論計算，能維持液態水存在數億年。作者在第八章「諾亞洪水」火星的祕密一節指出，目前火星的冰層都在高緯度，赤道帶極度脫水，高緯度冰層底部可能有淙淙細流的地下小溪，那可能是火星生命的藏身之地。

火星肯定還有更多的生命熱點，只是人類目前數據貧瘠，仍需努力搜集。

目前人類雖然擁有 224 塊火星隕石，並在 ALH84001 和 EETA79001 中發現符合生命存在的痕跡，但我們實在有必要由火星直接取回一些化石樣品，做更深入的分析。

人類計劃在未來送太空船去火星登陸，挑選數十塊化石樣品岩石運返地球。這項計畫的主要參與者為美國航太總署、歐洲、法國、義大利等太空署。這項計畫將耗資 20 億美元，相比之下，尋得 ALH84001 的總費用約 100 萬美元。由火星直接採樣岩石，是尋獲 ALH84001 隕石費用的 2,000 倍。

✦ 甲　烷

21 世紀新火星尋找生命策略，就是「跟著水走」。「跟著水走」的策略要服從嚴謹的科學規律，按部就班地一步一腳印往前

走，最終勝算的可能性才大，也是人類繳了幾百億美元的學費後，學到的刻骨銘心教訓。但人類很難忘懷幾百年來直接找到火星生命的幻想，所以「火星有生命！」的消息時有所聞。繼 1996 年和 1998 年火星隕石生命新聞發布會後，2004 年歐洲「火星快車」(Mars Express) 的科學家又宣布他們在火星上發現了甲烷。

甲烷是一個重要的生命新陳代謝氣體，但也可能來自無機體源頭。地球大氣中的甲烷，約有 37% 來自牛、豬、羊、雞等家畜禽。火星大氣稀薄，太陽能量長驅直入，可以在短時間內把甲烷分解。所以，如果在火星上發現持續存在近數十年的甲烷，就可推論這類甲烷氣體可能來自火星生命不斷的新陳代謝機能，形成了向火星大氣提供甲烷的供應鏈。如果這個觀測屬實，火星上必有生命無疑。

通常這類驚天動地的發現，除了背後需要有堅固如鑽石般的數據支撐外，也需要一位著名的科學家挺身而出、義無反顧地指天宣布：「這就是證據！」。但火星發現甲烷的數據，因「火星快車」的「質譜儀」的精確度與這個黃金標準之間還有著巨大的差距，這則新聞在最後時刻決定取消發表。

2014 年以後，「好奇號」偵測到甲烷的訊息時有所聞，但每次得到的數值，隨著「好奇號」漫遊小車時地的不同，皆有變化。甲烷在火星上行為詭異，目前仍在密切觀察中。

所以，一直到 2020 年初，人類尚未在火星上直接找到現在或過去的火星生命痕跡。「跟著水走」還是人類目前偵測火星生命的主要路線。

10

往返火星

✦ 火星取樣勢在必行

「水手九號」發現了巨大的洪水沖積地形後，我們迫不及待地送出「維京人號」，天真地以為一登陸，就能找到外太空生命。遙測生命太困難，不管實驗儀器設計得有多複雜，對於諸多實地情況，實驗條件並不能即時反應、修正、縮緊結論。更何況人算永遠比不上天算，自然生命的點子層出不窮，無知的人類要足不出戶，就知宇宙事，這想法過於樂觀。

ALH84001 列出鑿鑿旁證，向人類提出火星也曾有過生命的強烈暗示，但關鍵的問題是，即使在 ALH84001 找到確切生命證據，也可能是一本算不清楚的帳。反對的人可指出，ALH84001 在南極躺了 1.3 萬年，誰知道有沒有被地球細菌感染？用胺基酸左右偏光特性來決定感染，也講不清楚。地球生命使用「左撇子」胺基酸，看到左旋胺基酸就一定是被地球感染了嗎？難道「左撇子」胺基酸是地球專利，外太空生命就不能用嗎？

話說回來，如果火星生命也用左旋胺基酸為建材，我們難道就永遠不能在地球下結論，火星有生命，也是左旋的？

去火星取得一些化石樣品，回到地球實驗室檢驗，已到了勢在必行的地步。

✦ 雙　程

到目前為止，人類所有去火星的太空船都是有去無回。單程列車所需技術並不簡單，但比起雙程旅程設計，差別有如小巫見大巫，不可同日而語。

　　從最簡單的講起。在第三章「一飛衝天」，太空船在地球落後火星 44 度時出發，沿著霍曼轉移軌道航行 259 天、180 度後，在火星與地球出發位置呈「合」時降落。地球在 259 天內走了 $\frac{360\times259}{365}=255$ 度，火星走了 $\frac{360\times259}{687}=136$ 度。太空船在火星登陸時，地球已趕在火星之前 255 － 180 ＝ 75 度，火星被拋在後頭。當然也可以說，火星此時領先地球 360 － 75 ＝ 285 度。

　　要想用霍曼轉移軌道由火星回地球，火星要在太陽軌道上等地球由後面追上來，在落後火星 $\frac{360\times259}{365}-180=75$ 度時出發。火星不停地往前走，地球以 1.88 倍的速度在後面追。從在火星降落的日子起算，地球運行到落後火星 75 度的位置時，已經趕出 285 － 75 ＝ 210 度。地球每 779 天比火星多走出一圈（或是 360 度），210 度需 $\frac{779\times210}{360}=455$ 天。所以，在火星地表停留 455 天後，火星和地球的位置再次擺對，發射窗口開放。從火星出發 259 天後，地球在火星出發 180 度外「合」的位置與回程太空船會合（圖 10-1）。

　　如果有一天太空人在火星登陸，恐怕每天最重要的事情就是測量火星與地球的相對位置。在火星太陽下山時，地球出現在黃昏的天空，在日光大氣散射下呈淡藍色。太空人拿出航海的六分儀 (sextant)，瞄準地平線的太陽和火星夜空中的地球，如果讀數是 33 度，是火星－太陽－地球呈 75 度的位置，回家的時候到了（圖 10-2）！ 33 度這個數目字要使用高中學到的三角和反三角函數，由火星－太陽－地球呈 75 度的位置計算出來，不難，此略。

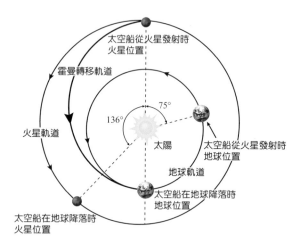

▲ 圖 10–1　由火星回程的太空船要在地球落後火星 75 度時出發，進入霍曼轉移軌道，才會剛好在 259 天後趕到太陽對面與地球會合。地球落後火星 75 度時，火星的「發射窗口」開放。

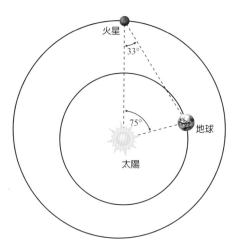

▲ 圖 10–2　在火星黃昏日落時，登陸火星的太空人以六分儀測量地球在火星夜空的仰角。如果是 33 度，則是地球落後火星 75 度的位置，發射窗口開放，太空人回家的時候到了！

　　從火星回地球的發射窗口，是火星領先地球 75 度的時刻。若沒趕上這個發射窗口，就還要在火星上等 780 天，後果嚴重，不堪設想。

　　作者現在以 2003 年 8 月 28 日地球－火星大「衝」日為起點，列出火星太空船雙程旅途的重要時刻表：

▼ 表 10-1　火星太空船雙程旅途時刻表

起算日	大「衝」日	2003 年 8 月 28 日
從地球出發	684 天後，地球抵達落後火星 44 度位置	2005 年 7 月 12 日
在火星降落	在霍曼轉移軌道上航行 180 度，259 天	2006 年 3 月 28 日
火星停留	455 天，進行科學探測，機器人取樣，等待發射窗口開放	
從火星出發	地球已趕到落後火星 75 度位置	2007 年 6 月 25 日
抵達地球	在霍曼轉移軌道上航行 180 度，259 天（任務週期：259 + 455 + 259 = 973 天，或 2 年 8 個月）	2008 年 3 月 10 日

　　在第三章「一飛衝天」也提到，由地球到火星是爬坡。太空船向東發射後進入「低地球軌道」，然後加速，沿地球在太陽軌道運行相同的方向脫離地球。進入太陽軌道時的速度為每秒 33 公里，高於地球在太陽軌道上每秒 30 公里的速度。從火星回地球是下坡，太空船脫離火星後，由克卜勒第二定律計算出來回程太陽軌道的速度為每秒 21 公里，比火星太陽軌道速度每秒 24 公里為低，所以，太空船要沿火星太陽軌道相反方向脫離火星。脫離火星後，略微加速，進入回程的霍曼轉移軌道。

194

這兩種發射情形，猶如我們把一顆棒球從高速奔馳的火車上，由前後兩個方向投出。對火車上的人，棒球是以前、後兩個方向脫離火車，但對一個火車外靜止的旁觀者來說，棒球都是往前飛，只是一快一慢而已。

相同的，對太陽而言，太空船以反方向脫離火星後，太空船還是沿著與火星太陽軌道同方向的霍曼轉移軌道前進，最後與地球會合。

✦ 「合」、「衝」任務之爭

以霍曼轉移軌道往來火星，通稱為「合」級任務，因為太空船走 180 度半圓，最省燃料。在霍曼轉移軌道上的太空船，可加速成「特快」，一般將 259 天縮短至 180 天不難，節省下來的約 80 天可增長在火星上停留的時間至 530 天，但仍然需在火星上等到發射窗口開放後，才能離境。所以，「合」級任務週期可縮短 70～80 天，整個任務總共需 900 天左右。（註：雙程皆「特快」，理論上最多可省出 160 天，但需大量額外加速和剎車燃料。去程出發前，在地球加足額外燃料較易，回程由火星出發時較難。所以在此只估計節省去程的 80 天。）

900 多天的任務，對機器人而言，輕而易舉。雖然一般而言，任務週期愈短，任務安全係數愈高，成本也愈經濟。但如果我們要

送人上火星，任務週期的長短則分秒必爭，以增加太空人生命安全、身體健康係數。

　　火星雙程任務的長短，取決於從火星回地球的發射窗口。「合」級任務發射窗口彈性不大，擠不出太多時間。另一大類的任務可統稱為「衝」級任務。與「合」級任務相比，「衝」級任務的發射窗口一般在登陸後 30 天內就開放，不必在火星等上 450 多天。但這類任務要借助太陽系內圈的金星「重力助推」，才能與地球會合、回家。「衝」級任務的轉移軌道近乎 360 度，太空船需 400 多天才能走完。但整個任務總長度僅 600 餘天，比「合」級任務縮短達 10 個月之多。

　　「衝」級任務的回程，太空船要走近乎 360 度轉移軌道，是「合」級任務的 2 倍。可以想像，太空船在回程轉移軌道上速度快、轉向急，非得借助於在太陽系內圈金星的重力助推，高速轉向，才能上坡滑回地球（圖 10–3）。

　　重力助推是太空船在太陽系中航行的一個重要概念。行星在軌道上快速繞日公轉（金星每秒 35 公里），太空船接近行星時，進入行星重力場，開始向行星墜落。行星好像以一根彈力強大的橡皮筋套住太空船，拉住它一起快速繞著太陽跑。當太空船以切線飛越行星時，行星像是彈弓一樣，將太空船以一定的角度由另一方向甩射出去，達到不費燃料就能加速並急轉彎的目的。

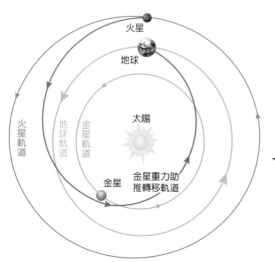

▲ 圖 10–3　「衝」級任務，金星重力助推轉移軌道示意圖。太空船從火星出發後，中途經金星重力助推，轉向並取得回程速度，上坡滑行，在地球與火星於太空船出發時的位置呈「衝」時，回到地球。

　　最恰當的比擬就是把彈珠丟向一個高速旋轉的風扇，彈珠碰上風扇邊緣，從不同的方向被激射出去，彈珠的速度也倍增（這個實驗很危險，請讀者不要在家裡做）。

　　每次行星重力助推太空船，太空船的速度就會增加，動能也增加；相對地，行星速度要減低些，總動能也降低。但和太空船比較，行星巨大無比，所耗能量如太平洋中的一滴水，在太陽系毀滅前都不會發生問題。

　　「衝」級任務花 95％的時間在路上，在火星地表時間短，並需從金星處取得回程動能。太空船向金星航行，逐漸接近太陽，太陽威力大增，一些經常偶發的「太陽粒子事件」(solar particle events, SPE) 攜帶了大量的輻射能量，對太空人會造成生命威脅，這是「衝」級任務最大弱點之一。「合」級任務僅耗費約 50％的時間在路上，可在火星上進行仔細的科學探測。但停留時間長，危險性相對增加，是「合」級任務的顧慮。

送人上火星，遙遙無期，「合」、「衝」之爭，僅是人類火星探測論戰中的一環。許多技術問題，例如：如何保護太空人不受宇宙輻射線傷害、在火星上「就地取材」策略、回程燃料製造、如何對付火星「塵暴」等，都還在討論、研發之中，並無定論。但機器人火星取樣之旅，已呈「開弓沒有回頭箭」之勢。

✦ 取　樣

機器人從火星取樣，思維不難：樣品得符合生命科學的要求，一般要在洪水沖積地搜集。機器人能力有限，無法挖入地表太深。樣品找到、篩選、裝箱後，如何運回，則是大費周章的事。

在日常生活中，我們常有出差取貨的經驗。最容易的方法是開車由家裡出發，到機場後，車停放在停車場，上了飛機到達外地，取到貨，包裝好，再坐飛機回來，把貨提到停車場，裝車，回家。

將這個思維用到火星取樣上，應是這麼一個情形：在地面上加足去火星的火箭雙程燃料，裝上機器人，到火星後降落，送出機器人，找到適當樣品，裝箱，火箭由火星再出發，回到地球，減速，穿過大氣，降落。

去火星的雙程燃料重量龐大，到火星後回程燃料也跟著登陸。脫離火星時，火箭還要帶著這份重量，掙扎升空，內耗巨大，顯然不經濟。於是有人建議，何不把回程火箭留在火星軌道，只派出輕便的登陸小艇降落，像「阿波羅」任務的「老鷹號」登月一樣？想法雖好，但登陸小艇和回程火箭分開後，最後還是得再從遠離火星幾億公里外的地球下指令，與火星軌道上的回程火箭會合才能回家，技術難度升一級。

又有人說，取樣太空船回到地球軌道後，需剎車降落，也要使用大量燃料。這份燃料重量打火星來回，是一份沉重的擔子。既然已經回到地球軌道，我們不如從地球送上一枚小型火箭，到地球軌道接火星樣品回家。地球軌道雖然近在眼前，但又是一次軌道會合，技術難度又升了一級。回程火星樣品太空船直接在地球定點降落，又需大量燃料。不如在進入地球大氣後，打開降落傘，緩慢飄下，在半空中，由高空飛機收回。

　　另一個想法是，火星雙程太空船由地面出發，在脫離地心引力、進入「低地球軌道」時，要耗費很多燃料。不如在「低地球軌道」中組裝火星雙程太空船，省掉為進入「低地球軌道」所費的燃料重量。

　　有人乾脆把去火星和回地球火箭分成兩個獨立部分。去時只帶單程火星登陸的燃料，以及從火星再發射到火星軌道會合的燃料，當然，機器人不能忘記帶。回程燃料由第二組火箭供應，在第一梯隊啟程兩年後出發，抵達火星後，不降落，只在火星軌道上打轉等待，與從火星地表發射上來的樣品在軌道會合後，打道回府。

　　從燃料重量以及在火星、地球軌道上會合、轉交樣品的考慮，技術複雜程度和經費需求應是最主要因素。以目前估計，在地球軌道組裝，兩組火箭出發，火星軌道樣品移交，接力回程，經費最貴，約 400 億美元。單一火箭載雙程燃料及機器人，全部登陸火星，另外輔以一枚獨立單程火箭，供應火星軌道通訊衛星，一般稱為「直接回程－直接進入地球大氣方案」(direct return / direct entry scenario, DR / DE)，價錢最便宜，約為 20 億美元，是目前人類火星取樣計畫的主流策略。

✦ 快、好、省

1963 年「阿波羅」登月計畫敲定後，美國航太總署就開始發展太空站策略，積極組織登月後太空營運體系。「阿波羅」計畫結束後，留下大批科技隊伍。要養活這批人，是美國航太總署核心的考慮要點。美蘇冷戰時代軍備競賽呈白熱化，美國仍需長期占據地球軌道高地，監視「魔鬼帝國」，發展太空站似乎還能自圓其說。並且，也只有龐大的太空站經費，才能繼續養活近 20 萬聯邦政府和工業界太空專業人口。

前期的太空站發展策略建築在登月計畫成功的基礎上：以登月土星火箭 (Saturn) 強大的運輸力量，組裝一座直徑約 200 公尺的旋轉太空站，從事各類太空天文觀測、地球科學研究、科技發展、探測等任務，並有人工重力場，保證太空人的健康。這就是美國航太總署向國會提出的，泛稱為「邏輯的下一步」藍圖。

登月成功後，美國陷入越戰煉獄，國力大減，太空發展也隨之失去冷戰時期強大政治力量後盾，「邏輯的下一步」還未出爐就胎死腹中。

美國航太總署再推出以太空梭組裝太空站計畫。與只能用一次的土星火箭不同，太空梭能重複使用，像定期班機，每個星期對開一次，一年飛行 52 次，每次費用可降低至 1,000 萬美元。太空梭、太空站計畫同時進行，計畫實施後，商業客戶可用來發放通訊衛星、地球資源探測衛星，能自給自足，納稅人不需再繼續投資，是一宗好生意。

但鬧窮的美國政府只能負擔一項計畫，航太總署只好先發展太空梭，並在太空站經費毫無著落的情況下，只得先做起太空梭卡車運輸服務工作，找到「哈伯望遠鏡」和「太空實驗室」兩個大顧客，咬著牙根等待遙遙無期的太空站經費。

　　太空梭操作後，實際發射一次的費用，以納稅人的眼光計算，高達 10 億美元，為初期樂觀估計的 100 倍，幾近荒謬。國會、媒體冷嘲熱諷，航太總署在強大的輿論壓力下，鋌而走險，玩命地增加太空梭發射次數，以求降低成本，終於釀出「挑戰者號」(Chanllenger) 爆炸慘劇。

　　「挑戰者號」事件後，航太總署又被放在顯微鏡下檢視、批判。為了太空人生命安全著想，雷根總統任命太空人楚利 (Richard H. Truly, 1937～) 為署長，整個太空站經費重新估計，超出一萬億美元，白宮認為貴得離譜。楚利為太空人請命，不肯讓步，終被革職，時為 1992 年初，老布希總統當政最後一年。

　　1992 年底，作者在華盛頓碰見楚利，問他離職後的感想，他回答說：「無官真是一身輕呀！」

　　1992 年 4 月，共和黨喬治‧布希總統任命民主黨黨員、猶太裔的哥丁 (Daniel S. Goldin, 1940～) 為署長，表現出白宮不忌諱跨黨任命、求賢若渴、收拾航太總署這個攤子的決心。哥丁的主要使命是降低太空站和太空科學探測成本。任命後，就即刻推出「快、好、省」基本策略，脫胎換骨，重新塑造美國航太總署的靈魂。

　　「快、好、省」策略思維有三：裁員、大幅度降低太空站造價和重整火星探測策略。

✦ 化整為零

　　哥丁以「組織殺手」(organization assassin) 揚名工業界。上任後五年內，裁減聯邦雇員 7,000 人，華盛頓總部為重災區，強迫 60%工作人員退休，是一章血淋淋的史篇。

　　太空站計畫本來動機不純，是航太總署養家活口的依據，為「行善事」(do good) 級科研計畫，政治地位低微。前蘇聯解體後，哥丁抓住機會，和俄羅斯取得協議，以每年 1 億美元代價，為期 4 年，要求俄羅斯洲際彈道飛彈取消對美國瞄準、不向第三世界輸出核子及導彈技術、入夥「國際太空站」計畫。協議簽訂後，「國際太空站」升格為「國家安全」(national security) 級計畫，政治地位暴漲。哥丁並把「國際太空站」造價壓到 1,500 億美元。1995 年美國國會終於批准組裝經費，每年 210 億美元，規定「國際太空站」在 2003 年組裝完畢，並至少使用 10 年。

　　至於火星探測策略，從 1960 年代起就以「大科學」計畫面目出現，每 10 年一次任務，經費高達數十億美元。1975 年發射的「維京人號」火星生命探測計畫蓋棺論定，總費用逾 40 億美元；1992 年發射的「火星觀測者號」，造價 10 億美元，在抵達火星前失蹤。一次失敗，許多科研人員一生心血，付諸東流，火星科研計畫也跟著推遲 17 年。這種十幾年一次的「大科學」計畫顯然有重新設計的必要。

一直到 1996 年底發射「火星全球勘測衛星」和「火星探路者號」之前，人類還在繼續吃「維京人號」20 多年來攢下的火星數據老本。

哥丁上任後，決定將火星任務化整為零，將一個大任務分成五、六個小任務，每 780 天「衝」前 100 天前後，連續發射兩次火星任務，每個任務以「快、好、省」策略設計，經費不得超過 1.5 億美元。

「快、好、省」策略，把以前一次大計畫經費分散到數個小計畫上。一個大計畫只能或成功、或失敗，是 0 與 1 之間強烈的對比。化整為零後，5 個計畫可以 3 個成功、2 個失敗，成功率不再是有與無，是新式「策略管理」的具體實現。

但 5 個小計畫並不能完全代替一個大計畫，這個道理淺顯易懂。比如「維京人號」能工作數年，「快、好、省」下的小任務只能工作幾個月。如果大計畫派出機器人探測，肯定能走出數十公里，涵蓋廣大面積；反之，小計畫只能在幾十公尺內打轉，遠一點距離即使有科學寶地，也只能望洋興嘆。

在「策略管理」課上，常以 5 個人受困沙漠為例。5 個人只有 1 公升水，5 個人全部出動求援，每人只能分 200 毫升飲水走出 10 公里，但可以涵蓋 5 個不同方向。

如果把水集中，讓一個人去求援，這個人能走出 50 公里，說不定就碰上一個村落。但只有一個方向，若碰不上救援的人，可就慘了。這兩種策略，在生死攸關之際，見仁見智，難下決定。

✦ 一振出局

　　「火星全球勘測衛星」之後的「火星探路者號」任務,是
「快、好、省」新策略實施後第一個登陸火星的先鋒。1993 年開
始推動,總經費 1.96 億美元,以氣囊彈跳新技術為降落火星主要
手段(圖 10–4),用一個電池能小車從事近距離岩石探測(圖
10–5),3 年內交貨、發射,在 1997 年美國開國紀念日 7 月 4 日
成功登陸,工作了 85 天,引起全世界逾 10 億航太愛好者上網查
詢。美國航太總署一時因耀眼的成功而覺得飄飄然,「快、好、
省」登陸火星策略見效了!

◀圖 10–4 「快、好、省」
策略下第一個火星登陸任務
「火星探路者號」,使用氣
囊彈跳新技術為降落火星的
主要手段,獲得空前成功。
圖中是技術人員在斜面上模
擬實驗氣囊的強度。(Credit:
NASA/JPL)

▲圖 10–5　「火星探路者號」於 1997 年 7 月 4 日登陸火星後，放出「旅居者」(Sojourner) 電池小車，正在對被命名為「瑜伽」(Yogi) 的岩石進行探測。電池小車的輪跡清晰可見。圖左右兩下角為完成任務後洩了氣的彈跳氣囊。(Credit: NASA/JPL)

　　在 1999 年夏天，作者乘出差之便，到加州噴射推進實驗室訪問了火星小車「旅居者」駕駛者庫珀 (Cooper)，並參觀他的電腦操作設備。當時的他是唯一擁有火星駕駛執照的人。他教作者如何在電腦上模擬駕駛位於幾億公里外火星上、價值 2,000 萬美元的小車子。作者戴著三維空間眼鏡，從甲點把車子開到乙點，是一個新鮮的體驗（圖 10–6）。

　　航太總署使用「快、好、省」新策略的三個開路任務：「火星全球勘測衛星」、「火星探路者號」、「深太空一號」(Deep Space I, DS-1)，都獲得空前成功。

▲ 圖 10-6　作者在加州噴射推進實驗室，採訪了火星小車「旅居者」駕駛者庫珀和他的電腦操作設備。

　　在這些任務成功的基礎上，航太總署又發射「快、好、省」第二波任務「火星氣象衛星」和「火星極地登陸者號」，結果全軍覆沒。「火星氣象衛星」因英制和公制換算失誤，衝入火星大氣焚毀。「火星極地登陸者號」在進入火星軌道前，一切操作正常，但在自動登陸程序開始後，為了省錢、省重量，沒裝實況報導通訊設備，自此音信杳然，沒留下「驗屍報告」。根據後來檢查製造過程工程數據的結果，航太總署懷疑是在登陸減速過程中，4K 變 16K 著地開關承受過大的減速力量，誤認為已著陸，在離地 40 公尺的高度就把剎車著陸反射火箭切斷，致使「火星極地登陸者號」從高空墜毀。但這項原因只是存疑，沒有定論。

失敗後調查報告又顯示：在有限的經費下，「快、好、省」是航太總署能用以完成火星任務的管理哲學。但在實施的過程中，卻未能建立起完整的技術管理體系；對儀器在發展過程中產生的錯誤，並沒有適當的檢驗和修正的方法；對冒險性、科學回收、新技術使用、與任務成功率之間的密切互動關係，也沒有明確和通盤的瞭解；還有，任務的管理領導系統也十分模糊等。

　　「快、好、省」策略有一定的科技管理理論基礎，但省得太厲害，切到了骨頭。包括「火星探路者號」在內，技術人員年紀輕、有幹勁、有理想、能吃苦，但所有重要技術關口，為了省錢，只有一夫當關，沒人諮詢、沒人討論、沒人複檢。

　　「火星探路者號」任務成功後，「又要馬兒跑，又要馬兒不吃草」，似乎成了美國航太總署上層技術管理官員的座右銘。做不到就認為是能力差，兩頭夾攻，累死了馬兒。但失敗一向是美國航太總署走向成功的必經之路，失敗了絕不表示不再往前走，必須從失敗中汲取慘重教訓，重整旗鼓再出發。

　　航太任務不像打棒球，三振才出局。在遙遠的火星，只要犯一個錯誤，就一振出局。墨菲先生❶(Mr. Murphy) 專管這片地盤：有出事的可能性，就一定出事，絕對心狠手辣，毫不留情。

---

❶ 工程人員戲稱墨菲先生制定了「墨菲定律」(Murphy's Law)，專挑儀器、機件毛病，絕不通融。送上太空的儀器，只要有一個毛病，墨菲先生一定把它找出來，放大渲染，陪玩到底，不搞到車毀人亡，絕不甘休。

　　去火星的雙程取樣列車已升火待發。目前的情況是趕緊修補「快、好、省」策略，找出改進空間。取樣任務先鋒「毅力號」已於 2021 年 2 月 18 日成功登陸火星，在以後數年中，將收集多個最佳火星礦石、土壤樣品，存放在指定地點，等待 2030 年的火星物流專車取貨，運回地球，繼續更深入探求火星生命之謎（圖 10–7）。

　　說不定，火星的生命和地球生命的起源，會有糾纏不清的關係呢！

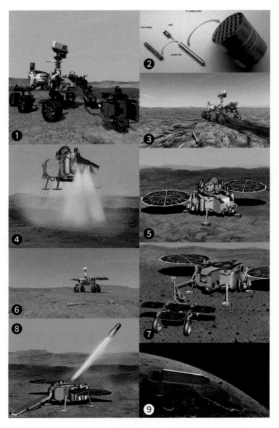

▲ 圖 10–7　**火星雙程取樣願景圖**。(Credit: NASA/JPL-Caltech)

11.
我們是火星人？

✧ 生命競賽

太陽系形成初期，火星與地球的起跑線相同。火星地處石質行星外緣，獲水量比地球大，但受體積龐大的木星干擾，無法收集到足夠建材凝聚成像地球一樣的健康軀體，只長成了一個小矮個兒。火星地心引力不夠強，抓不住氮、氫、水氣等氣體，氣體集體逃亡，45 億年下來，只剩下 600～1,000 帕大氣壓，液態水失蹤，紫外線肆虐，地表生命消失。相比之下，後到的綠色微生物將地球轉變成一個充滿自由氧氣的生物星球，是生命的樂園；反之，火星連二氧化碳都不夠，是生命的悲慘世界。

在隕石風暴的第一個 7 億年裡，每次巨大隕石碰撞，都對生命有「消毒」的威懾力。由隕石帶來巨大的動能，被行星吸收，轉成熱能，造成地球和火星同樣地表熾熱，可能遠遠超過生命耐熱極限。我們揣測，生命時鐘應在隕石風暴停止後的 38 億年前起算。

隕石風暴停止後，地表溫度開始下降。一般球體散熱的速度，以其總表面積對所含質量的比值作為比較標準 ❶，換言之，我們要看球體每公斤的質量能分到多大的散熱面。使用這個標準，火星有效散熱面大約是地球的 2 倍。假如其他一切條件相等，火星降溫速度比地球約快 2 倍。實際上地球比重為 5.497，火星比重 3.96，地球的單位含熱量比火星高。若從 38 億年前起按下碼錶，火星應比地球率先抵達生命起源極限的溫度，比如攝氏 140 度。當火星地表生命有起源條件時，地球地表可能依然熾熱，仍是高溫消毒爐。

---

❶ 以地球的情況而言，大部分熱能是由行星內部放射性元素產生的核熱能，但由於目前尚不清楚火星內部的核熱能，故在此略。

以地球古菌生命經驗，只要賦予一線生機，生命就可能蓬勃發展。地球生命在隕石風暴停止後 3 億年，就已粗具規模，但地球還是比火星晚抵達生命發展的極限條件。我們揣測，火星生命可能在隕石風暴停止後不久就濫觴。

火星可能先有生命，贏了這場和地球的生命競賽。

✦ 隕石列車

行星間隕石互訪，亘古以來，絡繹不絕。

在隕石風暴肆虐的年代，每個行星都承受大量隕石撞擊，可以想像行星上很多岩塊被崩離行星進入太空，穿梭於各行星之間。

地球和火星是太陽系中的近鄰。地球塊頭大，地心引力強，岩石脫離地球困難；火星個兒小，地心引力弱，岩石脫離火星容易。

作者在第三章「一飛衝天」的「水手號」爬坡追火星一節打了個比喻：太陽重力場有如一個山坡，太陽在山腳，地球在山腰，往下看有金星和水星，往上望有火星、木星、土星等行星。從地球到金星、水星，走下坡路，比較省勁；從地球到火星，要爬坡，費力。

同樣的，從火星出發的隕石，往地球掉，有如下坡滑行，輕鬆容易；從地球出發到火星的隕石，掙脫地心引力不易，又得費力爬坡飛行，已是「二振」局面，打出全壘打較難。

人類沒有去過火星，不知火星上有無從地球去的隕石。金星的個頭是地球的 81.5%，金星隕石到地球的困難程度應該和地球到火星的差不多。金星大氣、土壤成分測量，是前蘇聯對人類的貢獻，以這些數據要鑑定出金星隕石不難。人類到 2020 年為止總共掌握

了 40,000 塊隕石，但作者尋遍資料，都找不到金星隕石。依理推測，在火星上也可能很難找到地球隕石。

地球－火星間的高速公路雖然不是單行道，但交通流量可能極不平衡：火星客擁擠於途，地球客門可羅雀。

即使我們接受以上的論點，讓比地球先發展出來的火星細菌生命買票，登上隕石列車，以上千倍於重力場的爆炸性加速度出發，在太空無水分、無養料，還飽受強烈宇宙射線轟擊千萬年的情況下抵達地球時，仍得遭遇大氣摩擦產生攝氏 2,000 度的高溫。降落時，再與地面高速碰撞減速，又是上千個重力加速度。細菌雖小，但核心只是一汪水含著生命密碼 DNA，能承受重重魔障般的顛簸旅途，活著抵達地球這個生命樂園嗎？

魔障旅途

脫離火星的隕石速度最低每秒 5 公里，就可進入太陽軌道，有機會抵達地球。但脫離火星的隕石肯定不會受到如此溫柔的待遇。火星隕石一般以爆炸性速度離境，加速度可達上千倍重力加速度。細菌再小，也是生物，承受重力加速度的能力有一定極限。

有位瑞典科學家曾將潛伏期的細菌放在高射炮的彈頭中射出，彈頭承受巨大的重力加速度。實驗結果，細菌仍是活的。所以我們有把握說，乘坐大小適當的火星隕石列車，細菌可能安全離境。

進入太空後，宇宙射線無情地打將過來，坐在經濟艙中的隕石表面乘客可能很快喪生。看隕石的塊頭有多大，坐在核心的乘客受到厚實的隕石層保護，可能安然過關。

隕石可能在太空飛行上千萬年。隕石溫度在深凍狀態，超低溫很可能歪打正著，引發隕石核心細菌進入冬眠潛伏、長期存活。厚實隕石殼又成為最佳熱絕緣材料，維持隕石核心溫度不變。

隕石以每小時 40,000 公里的高速衝進地球大氣層，摩擦生熱，表面白熱化，溫度可達攝氏 2,000 多度，然後以高速撞上地面。細菌又要承受好幾千個重力加速度，才能抵達目的地。

有人發現，剛落地的隕石有時表面竟然會被一層霜包住。這種現象可能是因為隕石深凍溫低，絕緣性良好，僅允許表面薄層白熱化，著地後，隕石迅速被核心溫度冷卻。

這時候，火星細菌才可以從到站的隕石列車裡探出頭來，看到四周豐富的資源，說聲：酷！地球真是一個好地方！

✦ 移民地球，播種生命

到目前 2020 年為止，人類搜集了 40,000 餘塊由宇宙各處來的隕石，其中 224 塊來自火星。在地面尋找火星隕石不易，即使撿到，通常都要經過漫長的歲月後，才發現那塊不起眼的石頭，原來竟是由火星來的。

1911 年在埃及砸死一隻狗的那塊隕石，在 20 世紀 80 年代後才被驗明正身，死的那隻狗也跟著進入史冊，略可瞑目。1999 年底在加州洛杉磯鑑定的兩塊隕石，是發現者在 1979 年於莫哈維沙漠撿到的，在車房待了 20 年才認祖歸宗。即使由專家特別搜集的 ALH84001 號隕石，從開始就大出風頭，也還是在冷藏庫中度過 9 個寒暑，才確定出身，大放異彩。

隕石平均掉落在地球每個角落。地球表面 $\frac{3}{4}$ 是海洋，其他是大片的荒郊野外，從撿到的幾塊火星隕石，很難估計地球總共有多少火星隕石。但大膽的科學家還是勇敢地估計了一下，結果是：地球大約每年搜集 500 公斤的火星材料。45 億年下來，得 22.5 億公噸。如果把這些火星材料平均撒在臺灣全島，厚度得有 1.5 公分。其中 90%，應是 38 億年前，隕石風暴結束前後時期飛過來的。這是一個不算小的數目字，足夠對地球進行生命播種的工作。

總結來說，地球生命環境優越，生命非常可能是獨立起源演化的，與任何外來因素無關。但也有專家認為，地球生命起源後，隕石碰撞仍然不停，地球生命繁殖演化道路受阻，留在地表死路一條，有些細菌就乘上隕石逃亡列車，進入太陽或地球軌道，等地球生命環境穩定後，再返回故鄉，自身播種。當然，地球生命也可能經由稀少的隕石，感染火星，因此火星生命也有可能是地球古菌。

不過，火星個子小，散熱快，很可能比地球搶先抵達生命起源條件。目前無法排除的可能模式是：火星生命在火星成形後，乘坐頻繁出發的隕石列車，抵達地球，播種生命。

那麼，我們會是火星人嗎？

12

火星 我們來了

✦ 新世紀的火星任務

　　人類有能力進入太空後，在美蘇登月硝煙籠罩的冷戰背景下，前蘇聯從 1960 年起，就展開了熱烈的「火星」(Mars) 系列探測計畫，美國則以「水手號」系列被動回應。但最後美國還是以「維京人號」耀眼成功的光芒，算是打勝了登陸火星的冷戰，這些細節在前文三～五章已有詳述。

　　去火星不易，登陸火星更難，只有太空科技強國，才有勇氣和能力一試。人類進入太空後的前 40 年，只有俄羅斯和美國獨霸火星地盤，世界別國，分羹莫及。上世紀 90 年間，日本挾房產泡沫經濟餘威，於 1998 年首發「希望號」火星軌道衛星，無奈在地球重力助推加速過程中，火箭燃料閥門受損，燃料洩損嚴重，雖然啟動了後備緊急方案，最終還是無法追上火星，任務於 2003 年 12 月 31 日以失敗告終。

　　東歐解體後，人類火星探測幾乎呈現出美國一支獨秀的現象。說「幾乎」是因為解體後的俄羅斯，強弩之末，於 1996 年又射出最後一枚「火星 96」，雖然失敗了，但為前蘇聯「火星」探測系列劃上了有始有終的句號。而美國當時為了籌建前文屢次提及的「國際太空站」經費，火星專案開始屢行「快、好、省」策略，導致上世紀末最後，「火星氣象衛星」和「火星極地登陸者號」兩項任務全軍覆沒，得不償失。

　　從「快、好、省」失敗策略的痛苦深淵爬出來後，美國在 2001 年發射了新世紀第一枚探測衛星「2001 火星漫遊號」(Mars Odyssey)，進入火星軌道後，馬上偵測到火星大氣中含有豐富的氫分子，再次確定火星地表下應有大量水冰的存在。「2001 火星漫

遊號」源由 1968 年《2001：太空漫遊》(*2001: A Space Odyssey*) 科幻片而命名。到目前為止，已在軌道上工作近 20 年，為火星人造衛星壽命最長的紀錄保持者。在執行任務期間，它又為以後登陸火星的「精神號」和「機會號」漫遊小車，以及接近火星北極登陸的「鳳凰號」尋找降落地點，也加班承擔這些火星儀器和地球的中繼通訊衛星角色。

　　歐洲太空署在 2003 年發射歐洲首枚「火星快車」探測器，包括軌道衛星和「小獵犬 2 號」(Beagle 2) 登陸小艇。歐洲人在火星上尋找生命痕跡，當然要以達爾文在 1830 年代乘坐的「小獵犬號」(Beagle) 為名，提醒眼睛長在頭頂上的美國，達爾文的坐艇是一號，現在的二號也將成就浩瀚的豐功偉業。但是很不幸，「小獵犬 2 號」和「火星快車」在火星軌道上分離後，進入火星大氣，開始朝火星降落，就此音訊杳然，陰陽永別。12 年後的 2015 年，美國的「火星勘測軌道飛行器」以其超高解析度成像科學設備（HiRISE）在「小獵犬 2 號」可能著陸地點搜尋，竟然發現它已安全降落，機體完整無損，只是太陽能電池板 4 扇中的 2 扇未能如設計打開，剛好擋死通訊天線通道。驗屍報告：「小獵犬 2 號」登陸火星成功，但天線被太陽電池板擋住，無法開機。「火星快車」的軌道衛星雖然和「小獵犬 2 號」通訊任務中斷，但它和地球的通訊管道仍暢通，所以可以重新改變任務計畫，來分擔尚在火星地表操作的很多科學儀器的數據中繼工作量。由於此項新的跨國界無私擔當，「火星快車」被國際評估為任務成功一半。登陸火星有如在上億公里外指揮穿繡花針一樣，歐洲太空署第一次發射的火星衛星就成功入軌操作，並又掌握了登陸火星的高難度技術，堪可恭賀。

　　21 世紀火星探測「跟著水走」的新策略打響以後，美國在
2003 年緊鑼密鼓地發射了新一代的火星漫遊小車「精神號」和「機
會號」，科學目的聚焦在尋找和水有關的火星礦石和土壤。

　　2006 年 3 月 10 日進入火星軌道的美國新一代「火星勘測軌道
飛行器」，及時接替可能需要退休的「火星全球勘測衛星」，攜
帶 HiRISE，把火星地表圖像的解析度推到 30 公分，不遺餘力地為
未來即將發射的火星地表探測儀器，尋找最佳降落和工作地點。
HiRISE 在 2006 年 9 月，為「機會號」工作漫遊範圍內的「維多利
亞隕石坑」(Victoria Crater) 拍攝一張高解析度照片（圖 12-1），
坑直徑 750 公尺，深 70 公尺。HiRISE 再次拍攝很多火星溝渠圖
像，清晰度驚人（圖 12-2）。2019 年 5 月 29 日，HiRISE 又捕捉
到一張在火星北極正在進行中的土石崩圖像（圖 12-3）。MRO 也
承擔火星地表儀器和地球的主要中繼通訊衛星任務，是人類送去火
星的特級神器。

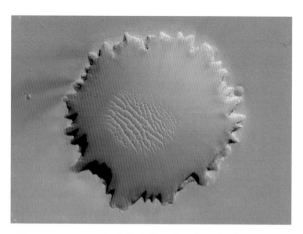

▲ 圖 12-1　HiRISE 為「機會號」漫遊範圍的「維多利亞隕
石坑」拍攝的一張高解析度全景照片。(Credit: NASA/JPL)

▲圖 12-2　HiRISE 再次拍攝很多火星溝渠圖像，清晰度達到 30 公分的驚人程度。(Credit: NASA/JPL)

▲圖 12-3　2019 年 5 月 29 日，HiRISE 捕捉到一張火星北極正在進行中的土石崩。(Credit: NASA/JPL)

　　2008 年 5 月 25 日，美國「鳳凰號」登陸火星北極成功，成為人類唯一布置在火星北極地域的儀器（圖 8-13 左上），彌補了「火星極地登陸者號」失敗的遺憾。火星北極酷寒，在短暫的三個月內，「鳳凰號」爭分奪秒地完成了極地水文歷史和未來人類生存環境評估的科學任務後，在同年 11 月 10 日與地球做了最後一次通訊，就熄火關機。「鳳凰號」短暫但關鍵的任務，花費了美國納稅人 3.86 億美元。

MRO 的一個重大任務，是為未來登陸火星的儀器設備尋找最理想的著陸地點。新世紀「跟著水走」的火星探測策略核心主力設備「火星科學實驗室」，仔細使用了 HiRISE 高解析度圖片，設計出在「蓋爾隕石坑」著陸的橢圓形區域，大小約為 20×7 公里，比上世紀 90 年代的「火星探路者號」著陸橢圓 100×200 公里的面積縮緊了近 150 倍（圖 12–4）。「蓋爾隕石坑」年齡約 35～38 億年，形成後，先被沉澱物填滿，然後水灌入，再風吹沙塵堆積，最後由風蝕雕刻出一座位於隕石坑中央，高 5.5 公里的高丘，命名「伊奧利亞沼」(Aeolis Mons, Mount Sharp)。「伊奧利亞沼」的風蝕暴露山坡，展現出來的就是一頁完整的 35 億年來火星水文地質歷史。如人類想在火星找一處「跟著水走」的水源寶地，非「伊奧利亞沼」莫屬。

▲ 圖 12–4　以 MRO/HiRISE 高解析度圖像為參考，設計出「火星科學實驗室」在「蓋爾隕石坑」（直徑 154 公里）著陸的橢圓形區域（見圖中央偏下藍綠色橢圓和著陸預測地綠點）。圖下方為朝北方向。(Credit: NASA/JPL)

2012 年 8 月 6 日，美國的「火星科學實驗室」和攜帶的「好奇號」新世紀漫遊車，在 MRO 的導引下，登陸火星「蓋爾隕石坑」成功。這次登陸火星技術，不再使用快、好、省時期無法控制的彈跳氣囊，而改用新一代完全可控的軟著陸吊車式反射火箭（圖12-5），大幅度縮小了火星降落時的橢圓範圍。

▲ 圖 12-5　計算機模擬示意：2012 年 8 月 6 日，美國的「火星科學實驗室」和攜帶的「好奇號」新世紀漫遊車登陸火星「蓋爾隕石坑」成功。(Credit: NASA/JPL)

「好奇號」登陸成功，在火星上運作 2 個月後，擇機自拍。作者第一次看到這張自拍肖像（圖 12-6）時有些困惑，因為看不出自拍照相機的位置，只好冒著被認為無知的危險，直接打電話請教 JPL 負責的工程人員。他只用一句話解釋，作者就懂了：這是張合成照片！照片是用圖中間略偏左下方，自動機械臂頂端稱為MAHLI 的相機拍的沒錯，只是它在轉動 350 度方位時，共拍了 55

張，然後用這些不同角度拍的個別圖片仔細縫合在一起而成。圖像的右上方為「伊奧利亞沼」高丘，左上方遠處背景為「蓋爾隕石坑」的北面邊緣，圖像的左中下方是使用自動機械臂頂端的鏟子，首挖火星地表共 4 鏟的取樣留痕。

◀圖 12–6 　「好奇號」自拍肖像。
(Credit: NASA/JPL)

　　「好奇號」每火星日平均移動的距離約 8 公尺多一點，登陸三年後的 2015 年 9 月 9 日，足跡已逼近「伊奧利亞沼」高丘山麓（圖 12–7）。在「好奇號」鏡頭前 3 公里外，出現各類豐富礦石成分組成的地表，由近至遠有氧化鐵、黏土礦石和硫礦石，顯示過去數十億年來水對這些地表的作用。圖中段由左至右的近淺褐色地帶，是在火星乾燥時期形成，現今風蝕現象顯著。圖最遠處為「伊奧利亞沼」5.5 公里高丘的一部分。

▲ 圖 12-7　「好奇號」鏡頭前出現各類豐富礦石成分組成的地表。(Credit: NASA/JPL)

　　「好奇號」於 2012 年 8 月 6 日登陸火星成功後，原本設計任務週期為 668 火星日，在同年 12 月美國航太總署決定取消任務週期限制。「好奇號」使用鈽 238 核輻射熱電能源，可工作至少 50 年。至 2020 年 2 月 24 日為止，「好奇號」已在火星上連續工作了 2,685 火星日，覆蓋了 21.61 公里距離。任務總成本累積達到了 25 億美元，是人類有史以來最昂貴的火星探測任務。

　　在美國的「火星科學實驗室」從地球啟程去火星前的 18 天，俄羅斯於 2011 年 11 月 8 日發射了「火衛一登陸號」(Phobos-Grunt)，主要任務為登陸火衛一取回一塊夠大的樣品。「火衛一登陸號」也攜帶了中國首顆火星軌道探測衛星「螢火一號」。這次任務是俄羅斯在「火星 96」失敗後，再次出擊。去火衛一取樣為雙程之旅，任務艱難，為人類首試。無奈於進入「低地球軌道」後，所需達到脫離地球速度的推進火箭點火失敗，終因無法衝出地心引力的緊箍咒而於 2012 年 1 月 15 日解體後墜落於太平洋。

2013 年 11 月 5 日，印度發射了「火星軌道器任務」(Mars Orbiter Mission)，於 2014 年 9 月 24 日成功進入火星軌道。這是印度經濟起飛後，第一次發射去火星的探測衛星，主要任務是為了證實印度的太空科技實力，同時順便也搜集些火星大氣數據。印度火星發射第一次就取得完全成功，可與歐洲太空署的「火星快車」相媲美，是一項了不起的成就。去火星的太空船一般在地球—火星抵達「衝」的位置前約 3～4 個月發射，才能使用最節省燃料的霍曼轉移軌道，和火星在「合」的位置交會（請見圖 3–4 和圖 3–5）。印度此次在 2014 年 4 月 8 日「衝」（請見圖 2–2）前的 5 個月就出發上路，的確比一般使用的火星發射窗口早了些。印度笨鳥先飛，利用這多出來約一個月的時間，在地球軌道上做了 7 次地球—火星轉移軌道調整，在 11 月 30 日才脫離地球，以特慢不需用太多燃料剎車的速度，在 298 天後的次年 9 月 24 日，成功入軌火星。印度只花了 7,100 萬美元，就完成人類有史以來最便宜的火星任務。錦上添花，又是紀錄一樁。

2014 年 9 月 22 日，美國的「火星大氣與揮發物演化任務」(Mars Atmosphere and Volatile Evolution Mission, MAVEN) 衛星進入火星軌道，任務目的是研究當今最上層火星大氣流失速率，來重建火星由充沛溫溼的二氧化碳大氣，變成如今如此稀薄與乾燥的演化歷史。MAVEN，如前面提到的 3 個軌道衛星「2001 火星漫遊號」、「火星快車」和「火星勘測軌道飛行器」，也成為目前許多在火星地表執行任務的科學儀器與地球連繫的中繼站。火星軌道上的中繼衛星，像地球軌道上 30 多顆的 GPS 衛星一樣，常需汰舊換新。MAVEN 是中繼衛星的新血成員。

　　歐洲太空署再接再厲，在「火星快車」成敗各半的 13 年後，又鼓足勇氣，和俄羅斯合作發射「火星生物探測器」(Exobiology on Mars, ExoMars)，軌道部分為火星微量氣體衛星 (ExoMars Trace Gas Orbiter, TGO)，主要任務為偵測火星上甲烷和其他氣體的來源。登陸部分為夏帕雷利登陸器 (Schiaparelli / Entry, Descent and Landing Demonstrator Module, EDM)，主要任務為演練火星登陸技術，為以後雙程火星取樣任務儲備能量。夏帕雷利就是第二章中「火星肥皂劇」節的義大利天文學家。他雖然以火星運河留名，但他對火星天文開疆拓土功不可滅。夏帕雷利登陸器於 2016 年 10 月 19 日與軌道衛星分離，和地球監視通訊部分，由印度的巨米波射電望遠鏡 (Giant Metrewave Radio Telescope) 接手。進入火星大氣後，共收到約 600 MB 通訊資訊，但不幸在預估軟著陸前一分鐘失聯。兩天後的 10 月 21 日，MRO 在預定著陸地點搜尋，攝得夏帕雷利登陸器墜毀現場。歐洲太空署的 ExoMars 本來計畫在 2020 年 7 月 25 日發射第二波任務「富蘭克林」(Rosalind Franklin)，因新冠病毒 COVID-19 全球肆虐，現已決定延期到 2022 年 8～10 月。

　　2018 年 11 月 26 日，美國「洞察號」在距「好奇號」以北 600 公里處登陸火星成功（圖 12–8）。「洞察號」的主要任務為測量火星的地震活動，藉以繪製出火星內部的三維結構，加上火星內部熱傳導測量數據，可估計類地行星在太陽系中的形成和演化過程。「洞察號」任務是一個龐大的國際科學合作計畫，參與國包括美、法、德、英、奧、比、加、日、瑞士、西班牙和波蘭這 11 國。

▲圖 12-8　「洞察號」在「好奇號」以北 600 公里處登陸火星成功示意圖。(Credit: NASA/JPL)

人類火星探測，從 60 年前蘇聯的「火星 1 M No.1 號」起算，一直到 2021 年的「天問一號」登陸火星，前後共向火星發射了 47 次任務，約略估計，成敗各半。火星任務耗資巨大，但人類對火星情有獨鍾，即使已投資數百億美元的科研經費，頂著置非洲饑餓兒童於不顧的劣評，仍然赴湯蹈火，逆風作案。從 2013 年起，美國行星學會 (The Planetary Society) 就開始籌劃一張火星探測任務全家福圖片，經 8 年不懈努力，終於製作成功，並慨允授權本書載登（圖 12–9）。火星全家福圖片中幾乎所有有分量的任務，本書內文中皆有描述觸及，作者堪稱欣慰。

✦ 不到火星非好漢

《史記》上早已說得清清楚楚：「雖有明天子，必視熒惑所在。」對火星的關注，是東方文明歷史上始終不渝的情懷。中國人在月球為嫦娥和玉兔蓋了廣寒宮，也想把紅色的火星和中國的火神祝融掛鉤。嫦娥和玉兔已成功登陸月球，當然下一步，就是要去拜

訪火星。火星遠在天邊，登陸月球和登陸火星所需的太空科技，有質上的差異。去火星第一件所需的神器，就是一枚大推力的火箭。中國在經濟起飛前的 1986 年，就已經開始籌劃這枚大型火箭的前期論證和如何突破困難的工作。前後經歷了 20 年艱難的研發，終於在 2006 年 10 月啟動製造這枚火箭。

　　中國在新世紀的經濟和其他方面崛起，使其有能力開發符合世界最高水準的強力火箭。這枚火箭有兩個高階要求：第一，這枚火箭的推力要達到比「長二」❶高出 3 倍的 25 公噸級「低地球軌道」能力；第二，這枚火箭要使用「非自燃」(non-hypergolic) 無毒性的推進燃料。第一個要求易懂，火箭要有 25 公噸的「低地球軌道」推力，才能把有效載荷送到遙遠的火星。第二個要求更重要，如此巨大推力的火箭，不好再使用強毒性自燃推進劑「四氧化二氮／偏二甲肼」。對一個在國際太空科技具有領導地位的國家，最受尊重的選擇是低溫液氫和液氧火箭推進燃料。氫氧燃燒後的產物為水，對地球環境無害。但低溫液氫和液氧燃料的比重較低，比同等體積的四氧化二氮／偏二甲肼燃料產生的推力小。為了使火箭能攜帶更大的載荷，這類大型火箭的發射場地愈接近赤道，就愈能得到地球自轉速度給出的附加載荷紅利。於是中國就把這枚名為「長征五號」(CZ-5) 的「胖五」火箭航太發射場地設在最南疆海南島的東北角文昌市。又為了運輸便捷著想，火箭的製造工廠就順其自然的設在了天津。

---

❶ 「長征二號運載火箭」之簡稱，為中國研發的長征系列運載火箭之一，主要用於發射高度在「低地球軌道」500 公里以下的各類衛星與太空飛行器。

　　「十年磨一劍，霜刃未曾試」，2016 年 11 月 3 日「胖五」於文昌航太發射場首次發射成功。通常新型火箭試射，需三錘定音。2017 年 7 月的第二次試射，第一節火箭的液態氫氧發動機運轉異常，45 分鐘後宣布發射失敗。2019 年 12 月 27 日「胖五」第三次試射，成功將「實踐－20」實驗通訊衛星送入赤道上空的「地球靜止軌道」(Geostationary Orbit)。懸梁刺股十三載，終於鋪好了中國去火星探測的高速公路（請見圖 12-10）。

　　中國要有獨立自主創造出來的火星火箭，才能執行中國的火星探測任務。前文提到中國和俄羅斯的合作項目「火衛一登陸號」，由中國提供一顆火星軌道衛星。中國在 2011 年還沒有火星火箭，但如能把不需要火箭部分的火星任務所需的技術先行演練一下，也是個求之不得的機會。這些技術可以包括：火星入軌、打開太陽能電池板和通訊天線、展開地－火間長距離通訊和火星地表照相等。但這次中俄合作，因俄羅斯的火箭故障，連地球軌道都沒有脫離成功，當然更無法輪到考驗中國「螢火一號」的各項性能，就掩兵息鼓了。

　　2019 年初，「胖五」進展順利。1 月 11 日，中國正式向世界宣布使用 2020 年火星發射窗口（請見表 2-1／圖 3-5），於開放時期中的 7 月 23 日，用「胖五」載著「天問一號」，首途火星。

　　「天問一號」任務組件包括火星軌道衛星、登陸器和漫遊小車。軌道衛星相機的解析度，有中、高兩等級，在 400 公里的高度，可看清楚最小到 2 公尺大小的地表物體。衛星也攜帶了計磁儀、礦物成分分光儀和火星離子與中性粒子分析儀，另攜有軌道穿透火星地表雷達。火星漫遊小車上置有 100 公尺級的地表穿透雷

達、多光譜相機、計磁儀、氣象儀、地表合成物探測器及導航相機等。如這些儀器都能安抵火星任務崗位正規操作，中國的火星科學家和工程師們，可在國際同行評審的刊物上，發表上數百篇論文。

「天問一號」的軌道衛星和地面的漫遊小車都攜有計磁儀。第五章提到「維京人一號」測量到火星有極微弱的磁場，是地球的萬分之一。火星磁場雖微弱，但出身詭詐，極可能是區域性的局部現象。「天問一號」天上地下雙管齊下同時測量，肯定能進一步繪製出更詳細的火星磁場分布圖。

「天問一號」除了期盼獲取登陸火星和在火星上運作的實際經驗外，也為2030年中國火星雙程取樣任務作準備。火星漫遊小車很可能尋找到一塊最適合送回地球的火星礦石，標明發現地點經緯度，甚或演練打包處理過程，靜候2030年地球物流快遞取貨。

中國第一次火星任務的成功一定得滿足幾個硬要求：第一，「胖五」一定要把「天問一號」送入火星軌道；第二，漫遊小車一定得登陸成功。日本第一次任務連火星都沒追上；印度聰明取巧，避重就輕，成功至上，只肯試火星軌道衛星，入軌成功後就大肆宣揚；歐洲太空署兩次火星任務，軌道衛星成功，登陸器皆敗北。

進入火星軌道已不容易，登陸火星就更難上加難了。「天問一號」於2021年2月10日，準時進入與火星繞日軌道平行「橫著繞」的大橢圓形軌道。在2日15日，於遠火點平面機動，將軌道調整為傾角近90度、週期為2個火星日「豎著繞」的兩極停泊軌道（圖12-11）。這個「豎著繞」大橢圓形兩極軌道與火星繞日軌道垂直，近火點距火星地表265公里、遠火點距60,000公里。在這個環繞火星兩極的停泊軌道上，可觀測到火星所有地表，展開

尋找登陸地點的工作。緊接著 10 天後又做了另一次近火點機動調整，把軌道調至近火點 280 公里、遠火點 59,000 公里。軌道經 3 個月近火點調整，「天問一號」登陸火星的條件成熟了。

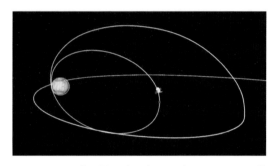

▲ 圖 12–11　「天問一號」在 2021 年 2 日 15 日，於遠火點平面機動，將軌道從與火星繞日軌道平行「橫著繞」的大橢圓形軌道，調整為傾角近 90 度、週期為 2 個火星日「豎著繞」的兩極停泊軌道。

　　中國登陸火星地點，有兩處選擇。經過反復論證，在 2019 年 9 月決定揚棄金色平原，以烏托邦平原為登陸首選。烏托邦平原是火星、也是太陽系中最大的隕石盆地，直徑達 3,300 公里，為火星直徑之半，也是 1976 年「維京人二號」登陸地點，在前文第五章中已詳述。中國的火星登陸採取了在火星大氣中以超音速降落傘和反射火箭減速軟著陸。因導航和進入火星大氣時引進的不確定性，登陸的橢圓不定範圍為 40×100 公里，為美國 1996 年的「火星探路者號」登陸橢圓面積的 $\frac{1}{5}$，但為美國最先進「毅力號」新一代全程火箭動力控制登陸橢圓 6.6×7.7 公里面積的 78 倍（請見圖 12–15）。

　　中國在烏托邦平原有兩處候選登陸地點，美國的 MRO/HiRISE 特別為中國在該平原可能登陸地點之一，攝得了一幀高解析度圖像（圖 12–12）。

▲ 圖 12–12　美國的 MRO/HiRISE 為中國在火星烏托邦平原可能登陸地點之一攝得的高解析度圖像。(Credit: NASA/JPL/University of Arizona)

　　「天問一號」於 2021 年 5 日 15 日 7 時 11 分開始啓動火星登陸程序，使用的是一般泛稱為「半彈道」式登陸技術，即在自然彈道軌跡下，進行了人工智慧調整操控。這個級別的登陸技術，和第五章「維京人號」使用的非常類似。在此為攜帶漫遊小車「祝融號」的「天問一號」登陸過程簡述：

1. 在離火星地表 125 公里處，著陸器和軌道器分離，以速度每秒 4.8 公里、11.2 度的淺角，切入火星大氣。著陸器以防熱底罩在攝氏 2000 度下，開始在火星大氣中滑行減速隕落；

2. 進入大氣 283 秒後，速度降至每秒 460 公尺，並在距地表 11 公里處，打開超音速降落傘，以超高速火星大氣氣體在開傘後產生的阻力減速；

3. 進入大氣 325 秒後，距地表高度約 9 公里，切角 67.1 度，拋棄防熱底罩；

4. 進入大氣 370 秒後，距地表高度 1500 公尺，著陸器與背罩分離，降落傘拉走脫離著陸器後的背罩；

5. 在著陸器與背罩分離同時，反射火箭點火、對地雷達開機，著陸器四條腿展開。50 秒後，於 2021 年 5 月 15 日北京時間上午 7 時 18 分，「祝融號」在火星的烏托邦平原，座標北緯 25.1 度、東經 109.9 度，登陸火星成功（圖 12–13）！

▲ 圖 12–13　中國國家航天局公布的第一張著陸後的火星圖片：「祝融號」前臂照相機攝得著陸平臺和坡道；圖上方兩個伸桿為已經展開到位的次表層雷達。(Credit: 中國國家航天局 /CNSA)

　　登陸火星部分，是墨菲先生的禁臠，若略有差錯，墨菲先生一定把它抓出來放大渲染，絕不留情，不搞到車毀機亡，絕不罷休。

　　登陸是火星任務最困難的部分，這次中國通過成功登陸火星的烈焰歷練，再次認證東方文明驕傲中的偉大，已晉升為當之無愧的太空科技強國。現今有能力成功登陸火星的國家只有美國和中國。火星的「鑽石會員卡」，全球僅有兩張，美國和中國，各持一張。俄羅斯嘗試登陸火星 5 次，僅「火星 3 號」勉強算得上成功，在登陸 90 秒後，儀器只工作了 20 秒（請見第四章及圖 12-9）。所以，俄羅斯僅夠得上銀卡資格。其他國家，更是望塵莫及（圖 12-14）。

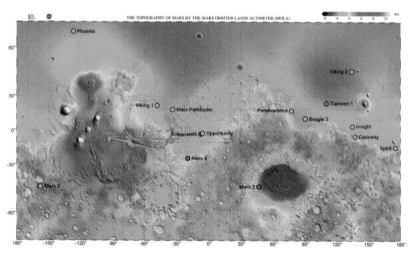

▲ 圖 12-14　有史以來所有登陸火星探測器的總覽圖。「好奇號」和「洞察號」仍在工作狀態；「毅力號」於 2021 年 2 月 18 日，在「維京人二號」西南方約 3,300 公里處的「傑澤羅隕石坑」(N18.4447/E77.4508) 登陸；「天問一號」於 2021 年 5 日 15 日，在烏托邦平原 (N25.1/E109.9) 成功登陸；維京人一號、維京人二號、火星探路者號、精神號、機會號和鳳凰號等也皆登陸成功。而火星 2/6 號和夏帕雷利登陸器皆墜毀；火星 3 號總共在火星地表僅工作了 110 秒；小獵犬 2 號登陸成功，但無法開機。(Credit: NASA/JPL)

✨ 人類登陸火星的魔障

　　2020 年的火星發射窗口，在 7 月初開始開放。除了中國以外，美國、歐洲、俄羅斯、阿拉伯聯合大公國和芬蘭等國，也抓住這次火星探測機會，各顯神通，作者在這就不再一板一眼平白直述，只挑些有趣的來說。

　　又花費美國納稅人 24.6 億美元的「火星 2020」(Mars 2020) 任務，攜帶「毅力號」漫遊車和「機智號」(Ingenuity) 迷你直升機，於 7 月 30 日出發，在 2021 年 2 月 18 日進入火星軌道後，即刻降落於「維京人二號」西南方約 3,300 公里處的「傑澤羅隕石坑」（Jezero crater）。這次登陸落點的精確度，創有史以來最佳紀錄，誤差僅為 1500 公尺（圖 12–15）。

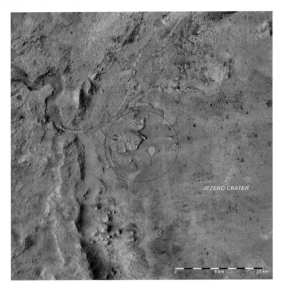

▲ 圖 12–15　「毅力號」在烏托邦平原登陸，預估落點的不確定範圍為 6.6 × 7.7 公里的深藍色橢圓；實際落點以淺藍色淚珠標出，距中心誤差僅 1500 公尺，精確度創有史以來最佳紀錄。(Credit: NASA/ JPL/MRO)

「毅力號」主要任務是在礦石中尋找有古老生命跡象的化石，並實地演練一個實際可行的方法，把這些可能含有火星古老生命跡象的化石運回地球，完成雙程取樣任務。火星雖然大氣稀薄，不及地球的 $\frac{1}{100}$，好像支撐不了飛機所需的浮力，但這次美國送上去一架迷你直升機「機智號」（圖 12-16），以

▲圖 12-16　迷你直升機「機智號」，重約 2 公斤，懸掛在「毅力號」腹部，登陸後被釋放。「毅力號」退離約百公尺外，觀測試飛過程。圖右上角為「毅力號」車輪痕跡。(Credit: NASA/JPL)

10 倍於地球螺旋槳的轉速，在 4 月 8 日首試在火星地表氣體動力飛行成功，並緊鑼密鼓地於 5 月 7 日成功完成第 5 次試飛，已達到可擔負「毅力號」探路前鋒的重任（圖 12-17）。阿拉伯聯合大公國在新世紀降臨後，太空科技急起直追，也在 2020 年發射了「希望火星任務」(Hope Mars Mission) 衛星，第一次為火星提供了一個專職的全球氣象衛星，更重要的，也同時慶祝 2021 年到來的建國 50 周年。歐洲和俄羅斯合作，繼「火星快車」的「小獵犬 2 號」失敗後，本想在 2020 年再次發射「富蘭克林」 漫遊小車，主要目的還是繼續去尋找火星細菌生命。「富蘭克林」沒趕上 2020 年的發射窗口，樂觀估計，很可能在 2022 年 8〜10 月之間擇機發射。芬蘭想在未來蹭到數個去火星免費便車的機會，建立起一個火星全球氣象網站 (Mars MetNet)。日本在繼續考慮下一個登陸火星尋找生命的任務。印度也沒趕上 2020 年的發射窗口，但在 2024 年會再發射一顆火星衛星，也可能考慮登陸小車。

▲ 圖 12-17　「機智號」號在「毅力號」的監控下，於 2021 年 5 月 7 日，完成第 5 次試飛，飛行高度 10 公尺，飛行距離 129 公尺，飛行時間 108 秒，已達到可擔負為「毅力號」探路前鋒的重任。(Credit: NASA/JPL)

　　火星雙程取樣任務至為艱難，耗資巨大。從 2020 年開始使用漫遊小車在火星上實地考察研究，如能成功，也是 2026 年以後的事。雙程取樣任務是人類科技文明突破級的成就，每個科技大國都想率先達陣。取樣任務先鋒「毅力號」已於 2021 年 2 月 18 日成功登陸火星，在以後數年中，將收集多個可能含火星古老生命化石的最佳礦石、土壤樣品，先存放在特製的金屬管儲存器中，散置在數處指定地點，等待 2026～2030 年的火星物流專車取貨，運回地球，繼續更深入探求火星生命之謎（請見圖 10-7）。

　　其實人類辛勤地經營火星探測，埋在心裡頭最深沉的夢想，還是希望有一天人類本尊能登陸火星。先不談移民，只要能親臨其境實際考察一番，就已心滿意足。人類登陸火星的困難度，無可比擬，以作者的科技突破標準，多個諾貝爾獎級的成就也無可比擬。

　　人類登陸火星之路，魔障重重。第一就是旅途中要長期暴露在強太空輻射環境，再來就是旅途中的失重、失水、骨質疏鬆、肌肉流失和人體免疫系統變弱等。抵達火星後，如是「合」級任務，則至少要停留 455 天，等待回程發射窗口開放（請見表 10-1）。停留期間，環境控制及支持生命系統 (Environmental Control and Life Support System, ECLSS) 絕對不能故障。心理上雖有至少 4 名太空人同行結伴，依然會有遙遠無助、孤獨寂寞的感覺。人類第一次去火星，肯定是兵馬未動，糧食、燃料先行。但可能偶有關鍵零件材料欠缺，就得就地取材補充。在火星上住 455 天，可能都得把地球的益生菌 (microbiome) 和噬菌體 (bacteriophage) 帶上。

　　再略談一下太空輻射。太空輻射，部分來自太陽，如前文提到的「太陽粒子事件」。但最兇悍的部分則是來自深不知處的宇宙，統稱宇宙射線。人類的祖先能在地球上健康演化，全得利於地球磁場和大氣的保護，才能躲過太空輻射對人類染色體基因的傷害。輻射劑量的單位以西弗 (Sievert) 計算。人類一生能承受的輻射總劑量為 1 西弗。人類火星之旅，在路上的來回雙程共 259×2 = 518 天（請見表 10-1），近一年五個月，皆暴露在宇宙射線的淫威之下。太空艙雖有 10 公分厚的水牆圍護，仍然無法隔離極高能量的宇宙射線。據估計，去火星的路程，因高能量宇宙射線肆虐，會承受 250 毫西弗的輻射劑量，來回高達 500 毫西弗，已經消耗了人體一生所能承受劑量的一半。所以，太空人在一生的太空事業中，只能往返一次地球火星！

　　人有惰性，人身體內的細胞更懶。去火星之旅的微重力環境下，骨骼和肌肉的細胞馬上會發現它們不必再努力辛苦地支撐一大

重力下的體重了，於是即刻減產。8 個多月下來，骨質疏鬆、肌肉流失。別的生理功能也來添亂，在微重力下，貯存在兩條大腿中的體液開始向全身平均分布。對上半身而言，「平均」過來的體液就造成「充水」現象，於是人體大量排水，結果只能保住在正常重力下 95% 的體液，置身體於嚴重失水狀態（註：對一個 75 公斤重的太空人，5% 排出的體液約為 3,000 毫升）。體液少，紅、白血球數目就相對減少，身體免疫系統隨之減弱。身體長期處於微重力下，甚至連基因的開關和生產蛋白質的機制都會發生約 5% 的變化。還好人類在太空站的微重力環境下，已有了連續生活近 20 年的經驗，發現強力衝擊性的運動 (Impact Exercise) 可減慢微重力環境對人體的傷害。所以，去火星的太空人每天都得綁上強力的橡皮筋，在太空艙中做 4 小時衝擊性的運動。

　　人類使出渾身解數，規劃出未來 30 年登陸火星所需的科技，以及各類在太空環境工作、生活和居住的設備（圖 12–18）。美國的太空策略由白宮掌控，任務走向常淪落為政客的短期政治籌碼。人類登陸火星計畫需要跨越現實的政治時空尺度，在艱難多變的政治生態環境中，穩步前行。圖 12–18 就是美國航太總署有效運用最強大、最符合科學和工程邏輯，發展出來的人類登陸火星的願景圖。中間上方兩枚火箭，是美國為登陸火星設計出來的專用火箭。上面較小的為 25 公噸「低地球軌道」推力級別，命名「火星一號」(Ares I)，推力和「胖五」相當，但為載人火箭，造價至少是非載人火箭的十倍有餘。下面的為 188 公噸「低地球軌道」推力級別的載貨火箭，命名為「火星五號」(Ares V)。目前，這兩枚火箭仍在庫藏冬眠期間，耐心等候外界政治環境復甦後再披戰袍出征。

▲ 圖 12−18　人類登陸火星的願景圖。(Credit: NASA/JPL)

火星和地球的距離，在「大衝」時可近到 5,500 萬公里，約為 0.37 個天文單位，最遠時可達 2.5 個天文單位（請見表 2–1 ／圖 2–2），雙程通訊需時 370～2,500 秒，即約 6～40 分鐘。所以，和火星通訊，都有較長的時間延遲，訊息基本上都是過去式。人類送上火星的探測器，皆運用人工智慧全自動操作，只在一些設計好的關鍵時刻，需要地球基地啟動指令進行特殊操作程序。目前在火星軌道上布置的幾顆衛星，基本滿足地面儀器「好奇號」、「洞察號」和「毅力號」的火－地中繼通訊需求（圖 12–19）。

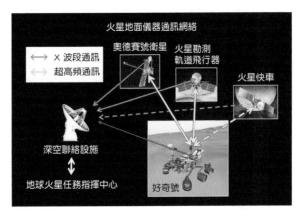

▲圖 12–19　人類目前在火星軌道上布置的幾顆衛星，基本滿足地面儀器火－地中繼通訊需求。(Credit: NASA/JPL)

　　地球與火星和其他的外太空之間的通訊，需 24 小時暢通無阻。但因地球自轉原因，不管任何時間，有一半以上的宇宙空間不在單一電磁波射電視線所及範圍，所以人類圍繞地球每隔 120 經度，就得要設一個深太空聯絡站，彼此相互扶持，以覆蓋與火星 24 小時通訊不間斷的需求。美國設置三個主力「深空聯絡設施」

(Deep Space Network, DSN)，一在美國加州南方沙漠中的哥德斯通 (Goldstone)，另一個在西班牙的馬德里 (Madrid)，第三個在澳大利亞首府坎培拉 (Canberra) 近郊。1998 年和 2013 年經特別安排，作者拜訪了坎培拉和哥德斯通的「深空聯絡設施」（圖 12-20）。

▲圖 12-20　經特別安排，作者在 1998 年和 2013 年，前後拜訪了坎培拉（右下角）和哥德斯通的「深空聯絡設施」，兩處射電天線直徑分別為 72 公尺及 70 公尺。(Credit: NASA/JPL)

中國的「天問一號」，如「嫦娥」為「玉兔」準備的「鵲橋」衛星一樣，也為火星地面漫遊小車「祝融號」自備了專用軌道通訊衛星，將是火－地中繼衛星的最新血，必要時一定能和美、歐衛星互援，通過「深空聯絡設施」，增強人類火－地通訊能力。

後

記

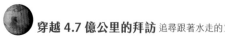 2021 年版

　　從新世紀頻繁「跟著水走」的火星探測活動中，人類終於找到了科學根據：火星上可以有鹹水，鹹水可以溶足氧氣，使火星細菌生命可以在這類鹹水中存活。這鹹水是夠涼的，可達攝氏零下一百多度。冷歸冷，生命體仍可在這種極端酷寒的環境下繁殖演化，這是新世紀火星生命探測的革命性理解，再次照亮了人類尋找火星生命的道路。去火星的雙程取樣任務先鋒「毅力號」已於 2021 年 2 月 18 日成功登陸火星，在以後數年中，將收集多個最佳火星礦石、土壤樣品，存放在指定地點，等待 2026～2030 年的火星物流專車取貨，運回地球，繼續更深入探求火星生命之謎。

　　中國在 21 世紀經濟崛起，開始籌劃走向完全自主的火星探測之路，趕上了 2020 年的發射窗口，以全新能力的「胖五」發射「天問一號」，於 2021 年 5 月 15 日成功登陸火星，成就了東方文明的歷史偉業。

　　人類本尊登陸火星是突破世界文明的里程碑，在未來的 50 年中，中國人有可能是人類登陸火星的重要助力之一。

2000 年版

　　在作者的辦公桌上，放著一個直徑 40 公分的火星儀，有空時，作者翻來覆去地觀看，像是要把遠在天邊的火星拉到自己的眼前。這個火星儀還是根據「水手九號」的數據，從 1972 年起算，至 2000 年，已有近 30 年的歷史了。寫完這本書後，作者抽空在網絡上全面搜索，企圖找到更新的火星儀，尚無結果。

　　人類對火星的探測雖然已有上千年的歷史，但在火星地表上探測，還處在隔靴搔癢的啟蒙階段。人類的探測儀器總共才在火星登陸三次，「維京人號」僅挖入地表 30 公分；「火星極地登陸者號」攜帶的「深太空探測儀」，原本計劃鑽入南極冰層一公尺，取樣分析火星過去一萬年內氣候的變遷；「火星氣象衛星」和「火星極地登陸者號」前後失事，造成「快、好、省」第二波太空船全軍覆沒，火星登陸探測叫停。

　　近代火星地表液態水現形的新數據，足以使美國航太總署的新火星探測計畫，走出上述「火星氣象衛星」和「火星極地登陸者號」慘重失敗的陰影，在 2003 年再以完整的梯隊，全力出擊。

　　作者衷心地期盼著。

尋找生命的源頭

　　人類終極的關懷是生命的起源和歸屬。1996 年發現 ALH84001 火星隕石有生命活動跡象，1998 年又發現了奈米細菌。以人類目前對古菌生命的臨床經驗，火星最早的生命可能與地球古菌相近。而且很有可能，火星古菌比地球的生命起源早上數億年。

　　地球古菌由胺基酸化學演化而來。地球胺基酸的演化痕跡，因地表的侵蝕、生物的新陳代謝和板塊運動，早已春夢了無痕，蕩然無存。火星胺基酸演化成古菌的化石痕跡，肯定會對地球生命起源作出貢獻。

　　未來火星的探測，是追尋火星的液態水，以及火星與地球生命起源的來龍去脈。未來 30 年內，可能會完成兩次以上的火星取樣任務，取得新的火星數據。

　　希望作者有機會能為這本書增訂一次。

附

錄

🚜 火星數據

軌道數據

平均距日距離	227,940,000 公里 (1.52366 AU)
離心率	0.09341
軌道面傾角	1.8504 度
平均軌道速度	24.13 km/sec
地球－火星平均會合週期 (synodic period)	779.94 地球天
自轉軸傾角	25.19 度
火星日	24 時 37 分 22.662 秒
軌道週期	686.98 地球天；669.60 火星日

物理數據

平均直徑	6,779.84 公里
總面積（地球 =1）	0.2825
體積（地球 =1）	0.1504
質量（地球 =1）	0.1074
比重（水 =1）	3.96
平均脫離速度	5.027 km/sec
地表重力場（地球 =1）	0.379
大氣平均大氣壓	610.7 帕
大氣成分	95.32%二氧化碳，2.7%氮氣，1.6%氬，0.13%氧，0.07%一氧化碳，0.03%水氣和其他一些惰性氣體

衛星	火衛一 (Phobos)	火衛二 (Deimos)
平均軌道半徑（公里）	9,378 公里	23,459 公里
平均軌道週期	7 時 39 分	1 日 6 時 18 分
軌道離心率	0.015	0.0005
長 × 寬 × 高（公里）	28×22×18	16×12×12
質量（火星 =1）	$1.5×10^{-8}$	$3×10^{-9}$
比重（水 =1）	1.95	2.0
「衝」時亮度	11.8 等	12.9 等

火星大事記

年代	事件
西元前 350 年	亞里斯多德地球中心論
西元 150 年	托勒密建立以地球為中心的天文體系
1543 年	哥白尼太陽中心學說問世
1609 年	克卜勒以火星橢圓軌道證實太陽為宇宙中心，克卜勒行星三大定律問世
1659 年	惠更斯畫下火星色蒂斯大平原手圖
1666 年	卡西尼量出一個火星日為 24 小時 40 分 牛頓發現萬有引力
1672 年	卡西尼量出地球與太陽間距離為 139,200,000 公里
1781 年	赫歇爾發現天王星
1783 年	赫歇爾兄妹測量出火星自轉軸傾角為 28.7 度
1846 年	加爾發現海王星

1877 年	霍爾發現火星衛星火衛一和火衛二 夏帕雷利為火星畫出 113 條「自然河道」
1916 年	羅威爾譜出火星 500 條「運河」
1925 年	霍曼發表太空船轉移軌道
1930 年	湯博發現冥王星
1957 年 10 月 4 日	前蘇聯「旅伴一號」上天
1961 年 4 月 12 日	前蘇聯太空人加蓋林上天
1962 年	美國「水手二號」飛越金星
1965 年	美國「水手四號」飛越火星 《紐約時報》宣判火星為「死的行星」
1969 年	美國「水手六號」、「水手七號」發現火星混亂地形
1969 年 7 月 20 日	太空人阿姆斯壯 (Neil Alden Armstrong, 1930～2012) 登月
1971 年	前蘇聯發射「火星二號」、「火星三號」
1973 年	美國「水手九號」進入火星軌道，發現火星火山群和上千條乾涸的自然河道
1976 年	美國「維京人一號」、「維京人二號」登陸火星，在火星地表沒有偵測到生命和有機物質
1977 年	渥易斯發現古菌域
1984 年	在南極洲艾倫嶺發現火星隕石 ALH84001
1986 年	美國「挑戰者號」太空梭爆炸
1989 年	前蘇聯「佛勃斯二號」在接近火衛一時失蹤
1990 年	美國「哈伯望遠鏡」上天
1992 年	美國「火星觀測者號」失事
1996 年	美國以「快、好、省」策略，發射「火星全球勘測衛星」和「火星探路者號」 公布火星隕石 ALH84001 可能有的生命活動遺跡
1997 年	美國「火星探路者號」登陸火星

1998 年	日本發射火星衛星「希望號」
1998 年	尤溫斯在西澳大利亞海床沙岩樣品中發現奈米細菌
1999 年	美國「火星氣象衛星」、「火星極地登陸者號」、「深太空一號」火星探測儀全部失事
2000 年 6 月 23 日	美國航太總署發現近代火星液態水痕跡
2001 年 4 月 7 日	美國航太總署發射「火星漫遊號」
2002 年 5 月 28 日	「火星漫遊號」在火星地表下發現大量水冰
2004 年 1 月	「精神號」和「機會號」登陸火星
2006 年 3 月 10 日	美國新一代「火星勘測軌道飛行器」進入火星軌道
2006 年 12 月 8 日	「火星全球勘測衛星」拍攝近代火星地下液體噴出地表
2008 年 5 月 25 日	美國「鳳凰號」登陸火星北極成功
2012 年 8 月 6 日	美國「火星科學實驗室」攜帶「好奇號」登陸火星
2014 年 9 月 22 日	美國「火星大氣與揮發物演化任務」衛星進入火星軌道
2014 年 9 月 24 日	印度「火星軌道器」任務衛星進入火星軌道
2016 年 10 月 19 日	歐洲及俄羅斯宇航局「微量氣體衛星」進入火星軌道
2018 年 11 月 26 日	美國「洞察號」實驗室登陸火星
2020 年 7 月 19 日	阿拉伯聯合大公國「希望火星任務」發射
2020 年 7 月 23 日	中國「天問一號」發射
2020 年 7 月 30 日	美國「火星 2020」發射
2021 年 2 月 9 日	阿拉伯聯合大公國「希望火星任務」進入火星軌道
2021 年 2 月 10 日	中國「天問一號」進入火星軌道
2021 年 2 月 18 日	美國「火星 2020」探測車「毅力號」登陸火星
2021 年 4 月 8 日	美國迷你直升機「機智號」在火星地表氣體動力飛行成功
2021 年 5 月 15 日	中國「天問一號」登陸火星

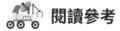 閱讀參考

❋ "Treaty on Principles Governing the Activities of States in the Exploration and Use of Outer Space Including the Moon and other Celestial Bodies." U.N. Document No. 6347, United Nations, 1967.

❋ "The Book of Mars." Samuel Glasstone, National Aeronautics and Space Administration, 1968.

❋ "The Little Prince." Antoine de Saint-Exupery, Harcourt Brace & Company, c1971.

❋ "The Viking Mission to Mars." Martin Marietta Corporation, 1975.

❋ "Mars at Last! " Mark Washburn, G. P. Putnams Sons, 1977.

❋ "Viking Orbiter Views of Mars." Viking Orbiter Imaging Team, NASA, 1980.

❋ "Can Spores Survive in Interstellar Space?" Nature 316: 403～407, 1985.

❋ "The stratigraphy of Mars." K. L. Tanaka, Pro. Lunar Planet Soc. Conf. 17th

❋ J. Geophys, Res., 91, E139～E158, 1986.

❋ "The geologic history of the Moon." D. E. Wilhelms, USGS Professional Paper 1348, 1987.

❋ "The Space Telescope." David Ghitelman, Gallery Books, 1987.

❋ "Mars Beckons: The Mysteries, the challenges, the Expectations of Our Next Great Adventure in Space." Wilford, John Noble, New York: Knopf, 1990.

❋ 《星占、事應與偽造天象》，黃一農（臺灣清華大學歷史研究所），《自然科學史研究》（北京），第 10 卷第 2 期，1991 年。

❋ "Biological Contamination of Mars." National Research Council, National Academy Press, Washington, D.C., 1992.

❋ "Microbes and Man." John Postgate FRS, Cambridge University Press, 1992.

❋ "Mars: Past, Present, and Future." ed. E. Brian Pritchard, Washington, D.C., American Institute of Aeronautics and Astronautics, 1992.

❋ "To Rise from Earth." Wayne Lee, Texas Sapce Consortium, 1993.

❋ "ALH84001, a Cumulate Orthopyroxenite Member of the Martian Meteorite Clan." David W. Mittlefehldt, Meteorites Vol. 29: 214～221, 1994.

❋ "The Outer Reaches of Life." John Postgate FRS, Cambridge University Press, 1994.

✱ "*An Exobiological Strategy for Mars Exploration.*" Washington, D.C., NASA, 1995.

✱ "*Mars Pathfinder Landing site Workshop II: Characteristics of the Ares Vallis Region and Field Trips in the Channeled Scabland, Washington.*" Lunar and Planetary Institute Technical Report 95-01, Part 1, 1995.

✱ "*1996 Mars Mission.*" NASA Press Kit, November, 1996.

✱ "*Search for Past Life on Mars: Possible Relic Biogenic Activity in Martian Meteorites ALH84001.*" David McKay et al., Science 273: 924〜930, August 16, 1996.

✱ "*Review of NASA's Planned Mars Program.*" National Research Council, Washington, D.C., National Academy Press, 1996.

✱ "*Water on Mars.*" Michael H. Carr, Oxford University Press, 1996.

✱ "*The Planet Mars-A History of Observation & Discovery.*" William Sheehan, The University of Arizona Press, Tucson, 1996.

✱ "*The Case for Mars.*" Robert Zubrin et al., The Free Press, 1996.

✱ "*The Hunt for Life on Mars.*" Donal Goldsmith, A Dutton Book, 1997.

✱ 《貓頭鷹新世紀世界地理》，王鑫審訂，貓頭鷹出版社，1998 年。

✱ "*Destiny of Chance.*" Stuart Ross Taylor, Cambridge University Press, 1998.

"*Mars.*" Paul Raeburn, National Geographic Society, 1998.

✱ "*Astronomy-The Evolving Universe.*" Michael Zeilik, John Wiley & Sons, 1998.

✱ "*Astronomy: From the Earth to the Universe.*" Jay M. Pasachoff, Saunders College Publishings, 1998.

✱ "*Size Limits of Very Small Microorganism.*" Proceeding of a Workshop, National Research Council, National Academy Press, Washington, D.C., 1998.

✱ "*Novel Nano-Organism from Australian Sandstone.*" Uwins PJR et al., American Mineralogist, 83: (11〜12) 1541〜1550, part 2 Nov〜Dec, 1998.

✱ "*Japan's Nozomi Heads for Mars.*" Aviation Week & Space Technology: 149, July 13, 1998.

✱ "*Return to Mars.*" National Geographic, Vol. 194, No. 2, August, 1998.

✱ 《中國天文學史》，1〜6 冊，陳遵媯著，明文書局，1999 年。

✱ 《天文觀星圖鑑》，伊恩里德帕斯（Ian Ridpath）著，孫維新審訂，貓頭鷹出版社，1999 年。

✱ 《追尋藍色星球》，李傑信著，新新聞出版社，1999 年。

✳《生物的新分類法》，程樹德撰，科學月刊 1999 年 12 月號，999～1002 頁。

✳"Life: Past Present and Future." Kenneth H. Nealson et al., Phil. Trans., R. Society. Lon. B 1999, Vol. 354: 1923～1939.

✳"On the Difficulties of Making Each-like Planets." Stuart Ross Taglor, Meteorites & Planetary, Science 34: 317～329, 1999.

✳"The Difficult Road to Mars – A Brief History of Mars Exploration in the Soviet Union."(PDF), Perminov, V. G. NASA Headquarters History Division, ISBN 978-0-16-058859-4, pg 58, July, 1999.

✳"The Search for Life." Begley, Sharon, Newsweek, Vol. 134, pg54 ～ 61, December 6, 1999

✳《百年思索》「致命的星空」章，龍應台著，時報出版社，1999 年。

✳《星星的故事》，傅學海等著，新新聞出版社，2000 年。

✳"Evidence for Recent Groundwater Seepage and Surface Runoff on Mars." Michael C. Malin et al., Science 288: 2330～2335, June 30, 2000.

✳"Chemical composition of rocks and soils at the pathfinder site." H. Wänke, J. Bruckner, G. Dreibus, R. Rieder, I. Ryabchikov, Space Sci. Rev. 96: 317～330, 2001.

✳"Special Issue: Spirit at Gusev Crater." Science 305 (5685): 737～900, August 6, 2004.

✳"Mars Exploration Rover Mission Overview." NASA, June 3, 2009.

✳"Yinghuo Was Worth It." Morris Jones.Space Daily, November 19, 2011.

✳"NASA Launches Super-Size Rover to Mars: 'Go, Go!' " The New York Times, November 5, 2011.

✳"Volatile, Isotope, and Organic Analysis of Martian Fines with the Mars Curiosity Rover." L. A. Leshin et al., Science 341, DOI: 10.1126/science, 1238937, September 27, 2013.

✳"India Successfully Launches First Mission to Mars; PM Congratulates ISRO Team." International Business Times, November 5, 2013.

✳"India's Mars mission: worth the cost?" Vij, Shivam. Christian Science Monitor, November 5, 2013.

✳"High manganese concentrations in rocks at Gale crater, Mars." Nina L. Lanza et al., Geophys, Res. Lett., 41: 5755 ～ 5763, DOI: 10.1002/2014 GL060329, July 13, 2014.

✳ *"China unveils its Mars rover after India's successful 'Mangalyaan'."* The Times of India, November 10, 2014.

✳ *"U.A.E. plans Arab world's first mission to Mars."* Tharoor, Ishaan 2014/16/07 (PDF), www.nasa.gov, NASA, October 8, 2015.

✳ *"Spectral evidence for hydrated salts in recurring slope lineae on Mars."* Ojha, Lujendra; Wilhelm, Mary Beth; Murchie, Scott L.; McEwen, Alfred S.; et al. (September 28, 2015), Nature Geoscience, 8 (11): 829 〜 832, Bibcode: 2015 NatGe ...8...8290, DOI: 10. 1038/ngeo 2546.

✳ *"High concentrations of manganese and sulfur in deposits on Murray Ridge, Endeavour crater, Mars."* Arvidson, R. E. et al., Am. Mineral, 101: 1389〜1405, 2016.

✳ *"Salty waters on Mars could host Earth-like life-The latest look at possible brines completely changes our understanding of the potential for life on current-day Mars."* Maya Wei-Haas, National Geographic, October 22, 2018.

✳ *"O2 solubility in Martian near-surface environments and implications for aerobic life."* Vlada Stamenkovi , Lewis M. Ward, Michael Mischna1 and Woodward W. Fischer, Nature Geoscience, Vol. 11: 905-909, December, 2018.

✳ *"An interval of high salinity in ancient Gale crater lake on Mars."* W. Rapin et al., Nat ure Geoscience, Vol. 12: 889 〜 895, November, 2019.

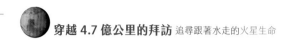

火星資訊網址

◇http://www.marsacademy.com

◇http://www.jpl.nasa.gov/marsreports

◇http://www.jpl.nasa.gov/snc/

◇http://mpfwww.jpl.nasa.gov

◇http://mgs-www.jpl.nasa.gov

◇http://observe.ivv.nasa.gov/nasa/exhibits/mars/missions/missions3f.html

◇http://cmex-www.arc.nasa.gov/SiteCat/sitecat2/hist.htm

◇http://tommy.jsc.nasa.gov/～woodfill/SPACEED/SEHHTML/gotomars.html

◇http://www-sn.jsc.nasa.gov/explore/Data/Lib/DOCS/EIC043.HTML

◇http://www.jpl.nasa.gov/marsnews

◇http://mars.jpl.nasa.gov/msp98/index.html

◇http://mars.jpl.nasa.gov/2001/index.html

◇http://quest.arc.nasa.gov/mar

◇http://www.astroleague.org/marswatch

◇http://www.spaceref.com/mars/index.html

◇http://www.nytimes.com/library/national/science/011800sci-space nanobes.html

◇http://www.msnbc.com/news/252893.asp

◇http://www.sciencemag.org/cgi/collection/planet_sci

◇www.nature.com/naturegeoscience

◇https://en.wikipedia.org/wiki/Martian_meteorite

◇https://en.wikipedia.org/wiki/Mars_Exploration_Program

◇https://en.wikipedia.org/wiki/Mars_Science_Laboratory

◇https://en.wikipedia.org/wiki/Curiosity_(rover)

◇https://en.wikipedia.org/wiki/Mars_Exploration_Program#Future_plans

◇http://photojournal.jpl.nasa.gov/catalog/PIA19912

◇中國火星探測器露真容：

　　https://en.wikipedia.org/wiki/Mars_Global_Remote_Sensing_Orbiter_and_Small_
　　Rover

◇http://www.xinhuanet.com/tech/2019-07/09/c_1124726406.htm

索

引

主編
高文芳、張祥光

蔚為奇談！宇宙人的天文百科

宇宙人召集令！
24 名來自海島的天文學家齊聚一堂，
接力暢談宇宙大小事！
最「澎湃」的天文 buffet

這是一本在臺灣從事天文研究、教育工作的專家們共同創作的天文科普書，就像「一家一菜」的宇宙人派對，每位專家都端出自己的拿手好菜，帶給你一場豐盛的知識饗宴。這本書一共有 40 個篇章，每篇各自獨立，彼此呼應，可以隨興挑選感興趣的篇目，再找到彼此相關的主題接續閱讀。

作者
胡立德 (David L. Hu)

譯者：羅亞琪
審訂：紀凱容

破解動物忍術
如何水上行走與飛簷走壁？
動物運動與未來的機器人

水黽如何在水上行走？蚊子為什麼不會被雨滴砸死？哺乳動物的排尿時間都是 21 秒？死魚竟然還能夠游泳？

讓搞笑諾貝爾獎得主胡立德告訴你，這些看似怪異荒誕的研究主題也是嚴謹的科學！

★《富比士》雜誌 2018 年 12 本最好的生物類圖書選書
★「2021 台積電盃青年尬科學」科普書籍閱讀寫作競賽
　指定閱讀書目

從亞特蘭大動物園到新加坡的雨林，隨著科學家們上天下地與動物們打交道，探究動物運動背後的原理，從發現問題、設計實驗，直到謎底解開，喊出「啊哈！」的驚喜時刻。想要探討動物排尿的時間得先練習接住狗尿、想要研究飛蛇的滑翔還要先攀登高塔？！意想不到的探索過程有如推理小說般層層推進、精采刺激。還會進一步介紹科學家受到動物運動啟發設計出的各種仿生機器人。

作者：松本英惠
譯者：陳聆璿

打動人心的色彩科學

暴怒時冒出來的青筋居然是灰色的！？
在收銀台前要注意！有些顏色會讓人衝動購物
一年有 2 億美元營收的 Google 用的是哪種藍色？
男孩之所以不喜歡粉紅色是受大人的影響？
會沉迷於美肌 app 是因為「記憶色」的關係？
道歉記者會時，要穿什麼顏色的西裝才對呢？

你有沒有遇過以下的經驗：突然被路邊的某間店吸引，接著
隨手拿起了一個本來沒有要買的商品？曾沒來由地認為一個
初次見面的人很好相處？這些情況可能都是你已經在不知不
覺中，被顏色所帶來的效果影響了！本書將介紹許多耐人尋
味的例子，帶你了解生活中的各種用色策略，讓你對「顏色
的力量」有進一步的認識，進而能活用顏色的特性，不再被
繽紛的色彩所迷惑。

作者：潘震澤

科學讀書人—— 一個生理學家的筆記

「科學與文學、藝術並無不同，
都是人類最精緻的思想及行動表現。」
★ 第四屆吳大猷科普獎佳作
★ 入圍第二十八屆金鼎獎科學類圖書出版獎
★ 好書雋永，經典再版

科學能如何貼近日常生活呢？這正是身為生理學家的作者所
在意的。在實驗室中研究人體運作的奧祕之餘，他也透過淺
白的文字與詼諧風趣的筆調，將科學界的重大發現譜成一篇
篇生動的故事。讓我們一起翻開生理學家的筆記，探索這個
豐富又多彩的科學世界吧！

科學+

主編
林守德、高涌泉

智慧新世界　圖靈所沒有預料到的人工智慧

辨識一張圖片居然比訓練出 AlphaGo 還要難？！
AI 不止可以下棋，還能做法律諮詢？！
AI 也能當個稱職的批踢踢鄉民？！

這本書收錄臺大科學教育發展中心「探索基礎科學講座」的演說內容，主題圍繞「人工智慧」，將從機器實習、資料探勘、自然語言處理及電腦視覺重點切入，並重磅推出「AI 嘉年華」，深入淺出人工智慧的基礎理論、方法、技術與應用，且看人工智慧將如何翻轉我們的社會，帶領我們前往智慧新世界。

國家圖書館出版品預行編目資料

穿越4.7億公里的拜訪：追尋跟著水走的火星生命／
李傑信著.－－初版一刷.－－臺北市：三民，2021
面；　公分.－－(科學+)

ISBN 978-957-14-7219-5　（平裝）
1. 火星 2. 太空探測

323.33　　　　　　　　　　　　　110008871

科學+

穿越 4.7 億公里的拜訪：追尋跟著水走的火星生命

作　　者	李傑信
責任編輯	洪紹翔
美術編輯	林佳玉

發 行 人	劉振強
出 版 者	三民書局股份有限公司
地　　址	臺北市復興北路 386 號 (復北門市)
	臺北市重慶南路一段 61 號 (重南門市)
電　　話	(02)25006600
網　　址	三民網路書店 https://www.sanmin.com.tw

出版日期	初版一刷 2021 年 7 月
書籍編號	S320040
Ｉ Ｓ Ｂ Ｎ	978-957-14-7219-5

三民書局